한옥의 고향

한옥의 고향

첫판 1쇄 인쇄 2000년 3월 29일
첫판 1쇄 발행 2000년 4월 1일
첫판 4쇄 발행 2011년 7월 25일

사진 김대벽 · 글 신영훈
펴낸이 김남석

펴낸곳 (주)대원사
135-940 서울 강남구 일원동 640-2
편집부 / 전화(02)757-6711
영업부 / 전화(02)757-6717 팩스(02)775-8043
등록번호 제3-191호
http:// www.daewonsa.co.kr

ⓒ 김대벽 신영훈, 2000

값 18,000원

ISBN 89-369-0955-X 03600

＊잘못 만들어진 책은 바꾸어 드립니다.

한옥의 고향

김대벽 사진 · 신영훈 글

대원사

첫맛

한옥의 고향

대대손손 사는 고장을 우리는 고향이라 부른다. 타향에 갔다 돌아오면 반갑게 맞아 주는 다정한 얼굴들로 해서 언제나 정다운 곳이 바로 고향이다. 낯설지 않다는 데 편안함이 있다. 따로 만나 설명할 필요가 없다는 점에서 안심할 수 있다. 늘 그렇게 이웃에 있다는 사실로 해서 함께하고 있다는 공감대가 형성되어 있다. 그것이 역사를 이루고 그 역사의 기반에서 다 함께 공존하고 있다.

이 땅은 그런 의미에서 한옥의 고향이 된다. 이 지역의 풍토가 형성한 기반도 한옥에서 보면 고향의 훈기薰氣가 된다. 이 강역에 살고 있는 백성들의 존재도 한옥에서 보면 고향의 심성이 된다. 한옥은 그래서 산하에서 떨어질 수 없는 존재에 속한다. 이 땅에서 순화된 삶의 터전이 되면서 없어서는 안 될 요소가 되었다. 그 삶의 터전에서 우리들의 관습이 자라고 문화가 피어 오른다. 그런 문화의 훈향 속에서 살아온 지가 벌써 반세기에 가깝다. 사진가 백안伯顔 김대벽金大璧 선생의 생애이다. 벌써 칠순의 나이를 넘어섰다.

사진가는 몇십 분의 일 초에 산다. 그 찰나를 가슴에 묻고 빛을 보고, 그늘을 보고, 그리고 형상과 마음을 느끼며 살고 있다. 그런 찰나가 엮여 70년의 세월을 매듭 지어 나갔다. 매듭 지어진 성과가 광주리에 가득 찼고 넘쳐흐르고 있다. 그들을 어디 넉넉한 자리에 담아야 하지 않겠느냐고 하였다. 담을 그릇을 물색하다가 용기를 내어 이런 책에 담아 보려 하였다.

백안 사진가는 여러 종류의 매듭을 지었다. 젊어서 벌써 한국의 가면에 몰두하였다. 그리고 학원사의 사진부장으로, 삼화인쇄소의 사진 담당으로 일선에서 하고많은 대상들과 조우하였다. 문화재관리국과 인연되면서 국가 지정문화재에 몰두한다. 그 중에서도 인간문화재들의 생애를 수록하는 일에 열중하였다. 그리고는 한옥에 심취하였다. 전국의 아름다운 집을 거치지 않은 곳이 없을 정도가 되었다.

살림집은 살기 위하여 짓는다는 원리에 따라 집주인의 시각에서 집을 바라보는 관점을 마련하였다. 지금까지 들여다보면서 멀리 촬영하던 관습을 타파하였다. 집은 들어가 앉아서 보아야 아름다움에 공감한다. 집이 아무리 아름다워도 거기에 인간의 훈김이 없으면 가치가 없다. 삶터로서의 맥박이 고동쳐야 집으로서의 활기가 넘친다.

집 안의 그런 정서들을 사진에 담았다. 느끼는 마음으로 사진을 찍을 수 있었기 때문이다. 드디어는 백안 사진가 관점의 한옥이 탄생하게 되었다. 독특한 관점인데 어느덧 그 시각이 일반에게 공감되어 사진을 필요로 하는 매체마다 그 사진이 실리게 되었다. 민학民學이라는 새로운 관점의 학문이 처음으로 대두되던 시기에 바위문화에 관심을 두고 많은 자료를 수집하였다. 그 노력은 국내에 국한되지 않았다. 이웃 나라로 먼 나라로 번져 나갔다.

한국 문화의 실체를 찾는 탐색의 시작에서 이웃 나라 먼 나라에서 경험된 시각은 아주 중요한 구실을 하였다. 그 시각에서 다시 한옥을 보게 되었다. 이번엔 한옥의 형상뿐만 아니라 집에서 배양되는 문화까지가 대상이 되었다. 그 시각에서 한옥이 성장한 고향이 한층 더 새롭게 부각되었다. 또다시 국내의 방방곡곡을 한바퀴 도는 수련이 거듭되었다. 또 다른 매듭이 생겨났다.

백안 사진가가 본 광경을 큰 사진으로 만들어 전시회를 한 적이 있다. 특히 고향을 두고 온 분들의 성원이 놀라웠다. 그만큼 공감이 절실하였던 것이다. 그런 사진들을 이 책에 수록하였다.

오랜 세월 동반해 온 木壽가 사진 아래에 작은 글씨로 백안 사진가의 마음을 묘사하려 시도하였다. 잘 될 리 없지만 일흔을 넘긴 건강을 축수하는 의미에서 백안 사진가가 본 마음을 글에 담아 보려 한다고 자청하고 나섰다. 앞으로도 더 좋은 작품이 지속되기를 우리들은 기원하고 있다. 아직도 강건한 의지와 역동적인 활동을 믿고 있기 때문이다.

이 책 말고도 한국의 종가집 순례를 담을 『한옥의 향기』, 한옥의 미의식과 사상의 반영을 탐구할 『한옥의 조형의식』을 계속 할 예정이다. 역시 백안 김대벽 사진가 작품 밑에 목수가 쓴 작은 글을 실을 생각이다.

담을 그릇을 마련해 주신 대원사 식구 여러분들께 감사를 드린다. 이번 책을 만드는 데도 역시 도와 준 여러분이 계셨다. 그 분들께도 '복 많이 받으십시오' 하는 인사를 드려야겠다.

백안 김대벽이 먼저 인사하고 木壽는 세 발자국 뒤에 서서 합장하고 배례를 드린다. 감사합니다.

2000년 1월 1일 아침 木壽 신영훈

차례

첫마디/한옥의 고향 4
나뭇단 10
외나무다리 16
스님이 빠지셨대요 22
무지개다리 26
웃음의 미학 30
바위 얼굴 34
조물주와의 합작 38
자식 비는 바위 42
치장한 남근석 46
놀라운 설정 50
산을 뒤에 두고 56
뒷산을 닮았네요 59
정자나무 64
명월이 쉬어 가는 집 70
문은 나가자고 만든다 76
내외벽의 수줍음 82

대문 밖의 고샅	88	세간과 살림살이	168
대문의 문패	92	천렵	174
대문의 문빗장	96	원두막	176
지탈천조	100	안마당	182
눈을 감으면	104	안마당의 연희	188
노둣돌과 마구간	108	앞마당과 뒷마당	192
중대문의 좌우 대칭	114	부경	195
백토 깐 안마당과 간접조명	118	연당과 연못	202
휘어 내린 문지방	122	고샅과 담장	208
앉은뱅이 굴뚝	128	골목 안의 대문들	214
아궁이의 정서	134	초복과 벽사	218
쪽구들	139	대청에 걸린 메주덩이	222
맥질하시죠	145	디딜방아	226
굴뚝	148	김장 담그던 날	232
연기의 집	154	정랑	236
외양간	158	뒷맛/한옥은 다시 태어난다 고향처럼 그렇다	240
천년 영천수	164	찾아보기	242

한옥의 고향

나뭇단

지금은 타고 다니는 일이 보편적이어서 자가용이 흔하지만 1970년대 초반까지만 해도 우리들의 국토순례는 걷는 일이 기본이었다. 서울에서 기차를 타고 가까운 역에 내려 차부에 가서 시간표 알아볼 것도 없이 행선지를 향해 걷는 것이 일쑤였다. 당시만 해도 목이 긴 군인들 구두에 염색한 군복을 입고 배낭 지고 다녔는데 배낭에는 쌀과 비상식량과 5만분의 1지도와 나침반이 들어 있었다. 더러 간첩으로 오인받고 경찰서로 끌려가 곤욕을 치르기도 하였지만 시골 순사 입장에서 보면 하 수상한 사람을 그냥 지나치게 하기도 어려웠을 것이다.

자고 나오는 여관집 주인이 신고하기도 한다. 며칠씩 출장 다니려니 현금이 필요하였다. 여관비 꺼내 주는 지갑을 보고 무슨 돈이 저렇게 많은가 의심이 가고 그래서 신고하였다 한다. 조사가 끝나고 경찰서에서 방면되었을 때의 여관집 주인의 변명이다.

또 터덜거리고 걷는다. 걷다 보면 눈에 뜨이는 것이 많았다. 지금은 애쓴 덕에 새마을 사업으로 초가집도 없어지고 마을길도 넓어졌다. 아침이면 확성기를 타고 울려 퍼지던 그 노래 소리처럼 초가집은 보기 어렵게 되었고 마을길까지도 포장이 되는 세월이 되었다. 그만큼 백성들의 생활이 향상되었다고 한다. 그렇긴 하지만 한편으로는 그에 따라 초가의 이엉 이는 기술

과 새끼 꼬거나 짚으로 만들던 것들이 사라졌고 길섶에 있던 여러 가지 형상들도 다 없어지고 말았다.

  길섶에 있다가 없어진 것 중의 하나가 나뭇단이다. 도시에서는 장작을 사다 가늘게 도끼로 패어 마루 밑이나 뒤꼍에 쟁여 두고 겨울을 지내지만 시골에서는 산에서 줍거나 나뭇가지 친 삭정이로 나뭇단을 만들고 지게로 져다가 문 밖 길섶에 노적가리처럼 쌓아 둔다. 비 맞지 않게 덮어 주는 손질이 끝나면 끈으로 묶어 바람에 날아가지 못하도록 한다. 겨울 내내 따뜻하게 지낼 수 있다는 보증이어서 일을 끝내고 돌아서는 발걸음에 신바람이 난다.

  나뭇단의 더미를 보고 그 집주인이나 머슴이 부지런한지, 기운이 장사인지, 성격이 곰살궂은지를 가늠한다. 더미가 넉넉하면 부지런히 나무해다 쌓았다는 칭찬과 함께 힘이 장사여서 지게질을 잘하였다 하고, 가지런히 잘 쌓아 갈무리하였으면 성격이 온순하더니 하는 일마다 저렇게 안존하기를 다한다는 찬탄을 아끼지 않는다. 주인도 머슴도 듣기 좋은 소리이다. 그런

몇 년 전까지만 해도 태백산 깊은 마을 신리에서는 나뭇가리를 볼 수 있었다.

나뭇단을 이제 우리 시골에서는 거의 볼 수 없게 되고 말았다. 고향의 정서 하나가 다시 볼 수 없는 지경에 이른 것이다.

   마침 압록강으로 가는 길이었다. 북경에서 기차를 타고 통화通化까지 가서 버스로 갈아타고 고구려의 압록강변 수도였던 국내성과 환도산성이 있는 집안集安으로 가고 있었다. 1990년대 초만 해도 통화에서 집안으로 가는 길가의 풍경이 우리 1950~60년대와 유사하였다. 길섶에서 나뭇단도 볼 수 있었다.

   "어려서 우리 고향에서 보던 광경과 같아요."

   백안 김대벽 사진가의 고향은 함경북도 행영인데 추운 겨울을 따뜻하게 지내기 위하여서는 나뭇단 챙기기가 초가을부터의 큰 작업이었다고 한다.

고구려 환도산성 입구 마을에는 나뭇단이 있고 소달구지도 볼 수 있다.

"참으로 오랜만에 보는 광경입니다."

한국전쟁 때 월남하여 서울에서 줄곧 생활하였으니 농촌 풍경에서 멀어진 지가 꽤나 오래되었다.

"나뭇단이 무너지지 말라고 이런 Y자형의 고샅이 있는 나무 장대로 버텨 주는 방식도 똑같군요."

가는 바지랑대로 버텨 봐야 바람이 불어 한쪽으로 무게가 기울면 힘이 쏠리면서 장대째 넘어지고 만다. 그러면 버틴 일이 헛고생이 된다. 나무로 새총 만드는 데 쓰는 나뭇가지처럼 고샅이 있는 Y자형이 있는 긴 나무를 찾는다. 알맞은 길이로 마름하고는 두 가닥이 벌어진 부분을 땅으로 향하게 해서 단단히 땅을 짚게 하고는 장대 끝으로 버팀을 한다. 웬만해서는 쓰러질 염

고구려의 수도였던 집안의 진산인 우산 뒤편 마을에는 지금도 온돌 있는 집들이 많아 곳곳에서 나뭇단을 볼 수 있다.

려가 없다. 비 맞지 말라고 장(帳) 덮고 바람에 날아가지 못하게 새끼로 단단히 묶었다. 이젠 손 털고 집에 가서 쉬어도 되겠다.

    겨울이 깊어질수록 나뭇단의 부피는 줄어든다. 강추위가 몰아치는 유별난 겨울에는 빠른 속도로 준다. 그러나 나뭇단을 넉넉히 마련한 집의 더미는 아직도 듬실하다. 마을에서 엿을 달이든지 골 때면, 그 집주인 눈치보는 이들이 는다. 더미를 좀 헐어다 쓰자는 눈길이다. 그럴수록

논산 윤증 선생 고택 후원의 나뭇단과 장독대

콧대를 세운다. 부지런한 사람의 재세가 그럴 때 한 번 호기를 부린다.

시재時在가 넉넉하고 인심이 후한 이는 혼자 사는 과수댁 아궁이에 들어갈 나무를 넌지시 디밀어 주기도 한다. 눈이 쌓인 산하에서 나무하기가 쉽지 않기 때문이다. 과수댁은 아무리 힘을 써 봐야 장정들의 나뭇짐만 할 수 없고 그러니 쉬 떨어져 깊은 겨울에 난감하게 된다. 그런 사정을 잘 짐작한 이의 덕 있는 선행인데 과수가 좀 반반이 생겼으면 아무개 아버지가 나뭇단 져다 주더라고 소문이 나고 쌍심지 켠 마누라의 눈길이 도끼 날처럼 번득인다. 나뭇단에는 그런 얘기도 서려 있고 해서 길을 지나가는 마음이 훈훈해지는 법인데 이제 우리 고향에선 그런 생활의 자태를 잃었고 인정 있고 따뜻하던 마음도 멀리 사라지고 말았다.

지금 우리는 겨우 남의 나라 길섶에 외롭게 서서 흘러간 우리 산하의 정서를 되짚으며 시름을 달래고 있다.

"별 것 다 찍으시네요."

함께 가던 일행 중의 젊은 사람이 신기하다는 듯이 끼여든다. 아마 그 나이라면 연탄 아궁이 세대일 것 같다. 나뭇단이 무엇인지 모를 나이이다. 나무 때던 아궁이가 사라진 뒤로 연탄 때는 난방법이 한창 기승을 부리며, 초겨울부터 벌써 연탄가스 중독 사고가 일어났다는 신문기사를 읽던 그런 세대로 보인다. 그러니 나뭇단의 낭만을 알 턱이 없다.

그나마 아궁이를 보며 자란 세대도 이미 대가 끊어졌다. 보일러가 난방을 독점한 시기에 훈훈한 방에서 자란 사람은 이제 아궁이가 무언지조차도 아리송할 정도이다. 아파트 중앙 난방 시설에서 태어나 자란 아이들은 한층 더해서 사람이 불을 지피는 일을 하였다는 사실 자체를 믿으려 하지 않거나 그런 일은 옛날 얘기로나 듣게 되고 말았다. 세태가 그렇게 변하고 있는 것이다. 아마 이 지역에서도 이런 나뭇단을 볼 수 있는 세대가 끝나 가고 있는지도 모른다.

나뭇단 앞에 세웠던 자동차가 다시 출발하였다. 얼른 지나치며 보니 외나무다리가 보였다. 고향에서 본 외나무다리 모습이 떠오른다.

외나무다리

깊은 골짜기로 개울을 끼고 들어가다가 보니 건너편 마을이 토실해 보였다. 궁금해서 집 구경하러 얼른 건너가고 싶은데 발 벗고 건너기에는 좀 무엇해서 두리번거리다 보니 저리로 외나무다리가 보인다. 얼른 가서 균형을 잃지 않으려 조심하며 건넜다.

전에 낭패를 당한 적이 있다. 개울에 징검다리가 있기에 옳다꾸나 싶어 급히 가서 덤벙거리며 건너기 시작하였다. 중간쯤, 개울물이 제일 깊고 빠르게 흐르는 곳에서 얼른 건너 딛는데 돌이 잘못 놓였었는지 흔들, 하더니 미끄러진다. 그 서슬에 공중제비해서 큰 대자로 물에 자빠지고 말았다. 다행히 여름철이어서 젖은 의복을 벗어 말리면 되겠다 싶어 아무도 없는 후미진 곳에 가서 훌렁 벗고 젖은 의복 널어 말리느라 쪼그리고 앉아 기다리기로 하였다. 지나가던 깍쟁이패 서넛이 이 광경을 보았다. 살금살금 다가가 보니 앉은 채로 졸고 있다. 주섬주섬 의복을 거두어도 깊은 잠은 알아보지 못한다.

한잠을 늘어지게 자고 기지개 켜다 보니 아뿔싸 의복이 없다. 바람에 날아갔나 싶어 이리저리 둘러보지만 눈에 뜨이지 않는다. 잘못 봤나 싶어 일어나 보려다 보니 '고것 참' 속바지 벗은 알몸이라 벌떡 일어서기도 어렵다.

보성강에 놓인 섶나무다리

"심청전에서 심봉사만 그런 낭패를 당하는가 싶었더니 바로 이녁이 그 지경이 되었으니 어이해야 좋단 말고."

징검다리 보면 그때가 연상되어 가슴 뛰고 얼굴이 붉어진다.

잊었던 광경 하나가 또 보인다. 아직도 신작로(新作路, 1920년대 이후 오솔길을 넓히고 양회(洋灰)다리 놓고 길섶 좌우로 곧게 자라는 포플러나무 심어 가로수 삼은 근대식 도로) 옛길이 있었다. 포장되지 않은 자갈밭길 따라 개울이 흐르고 있다.

"저런 개울을 '실개천'이라 한답니다."

"저렇게 넓은 개울을 '실개천'이라 한다고요? 실개천이 시냇물이고, 시냇물은 졸졸졸……인데……."

"실이란 말을 한자로 쓰면 '곡谷'이야요. 경상북도 봉화의 이름난 청암정淸巖亭이 있는 권씨 성을 가진 분들이 사는 마을을 유곡酉谷이라 하는데, 쓰긴 한자로 그렇게 쓰고 부르기는 '닭실'이라고 부르죠. '실개천'은 골짜기로 흐르는 물줄기니까 좁기도 하지만 넓기도 해요. 졸졸졸……만은 아닙니다."

"……."

실개천에 다리가 하나 걸렸다. 제법 넓은 개울이 감돌아들기 직전에 다리가 있다. 그 다리는 나무로 만들었다. 가는 나뭇가지를 개울 바닥에 꽂아 다리발橋脚을 삼았다. 그런 다리를 이만큼쯤에도 만들고 이어 계속해서 이편에서 저쪽 백사장까지 여러 개를 세웠다. 그들 다리발에 의지하고 긴 장대를 건너 주었다. 연속시켜 가설하였다. 장귀틀(마룻귀틀 가운데 세로로 놓이는 가장 긴 귀틀)이 되는 것이다. 그 장귀틀에 가로막대를 지른다. 촘촘하게 엮으면 발이 빠지지 않을 정도가 된다. 그 위로 솔가지 등을 깔고 흙을 져다 부어 가며 다진다. 완성이 되면 그 위로 사람들이나 어미 소와 송아지가 건너는 섶다리가 된다. 마침 나뭇짐 진 나무꾼이 다리를 건너고 있다. 그만한 나뭇짐이면 장에 가 팔아도 돈냥께나 받겠다.

이런 다리는 장마라도 지면 곧 떠내려가 버리고 만다. 또 쉬 상하거나 하여서 영구적이긴 어렵다. 그래서 큰길에는 나라에서 큰 다리를 놓는다. 웅진교(熊津橋, 금강에 가설한 백제의 다

옆면 위/ 실상사 입구 실개천에 정감 있게 놓인 징검다리. 지금은 없어졌다.
옆면 아래/ 태백산 깊은 산간마을의 실개천을 건너지른 외나무다리

리), 평양교(平壤橋, 대동강에 가설한 고구려의 다리)의 이름이 보인다. 그 넓은 강을 가로지르도록 가설한 교량이라고 옛 기록은 전하고 있다. 웅진교나 평양교가 어떤 구조였는지는 알 수 없으나 추정할 수 있는 실마리는 있다. 발해의 수도였던 상경 용천부 교외로 흐르는 강에 설치하였던 큰 다리의 자취 일부가 남아 있기 때문이다.

   다리발을 설치할 자리에 작은 돌로 기반을 조성하였다. 마치 배 모양으로 쌓은 돌무더기로 기반을 조성하였다. 다리발의 간격이 상당히 넓다. 이런 구조라면 돌로 교상橋床을 만들어 건너지르기는 어렵다. 나무로 길게 만들어 설치하는 수밖에 없다. 나무로 공들여 가설하나 나무는

곡성 태안사 입구에는 간격이 넓은 계곡에 나무다리를 놓고 다락을 지었다. 이것을 누교라 한다.

쉽게 부식하여서 그 수명이 짧다. 장구하기를 바라면 다락을 지어 비바람으로부터 보호해 주어야 한다. 다리 위로 건물을 구조하면 보통 누교樓橋라고 부른다.

서라벌 모기내蚊川에도 여러 개의 다리가 있었다는 기록이다.

스님이 빠지셨대요

모기내에는 개울 남쪽 남산 기슭으로부터 북방에 있는 계림과 요석궁 쪽으로 건너는 다리도 있다.

"어이구, 스님께서 발을 헛디디셔서 개울에 빠지셨습니다. 저를 어쩐다죠?"

요석궁의 관리들이 바깥 소식을 전하였고 시녀들이 요석궁 궁주宮主에게 그 사실을 알렸다.

"어느 스님이 빠지셨단 말이냐?"

"거 왜 있지 않아요. 전에 궁 밖에서 노래하던 스님 말입니다."

　　그 누가 자루 없는 도끼를 빌리겠는가
　　나는 하늘 떠받칠 기둥을 찍으리

젊고 잘생기고 목청 좋게 노래 부르던 스님을 말하나 보다. 그 노래 소리를 궁주도 들었고 잘생긴 풍채 좋은 스님이란 전갈도 귓전에 스쳤다.

"원효 스님 말이구나. 네가 아이들 몇몇 데리고 나가 얼른 모셔 오너라. 얼마나 낭패이시겠느냐."

잽싸게 달려나가더니 얼른 스님을 떠 모시고 들어왔다.

요석 궁주님 거동 보소. 발그스름하게 상기된 얼굴에 홍도 빛을 띄우고 바삐 뛰어나가 부축해 안으로 모시네. 두근거리는 마음에 떨리는 손길로 젖은 옷 벗기고 마른 옷으로 갈아 입히네. 전에 하던 익숙한 솜씨가 과수로 지내면서 무뎌졌나 싶었더니 웬걸, 재빠르기가 제비 같고 민첩하기 혓바닥 같네.

원효 스님 거동 보소. 헛디뎠단 말 어불성하나 다친 곳 없는데도 두 눈 지그시 감고 이리저리 몸을 내맡기고는 코만 벌름거리고 있네. 의뭉 떠는 품새가 마음에 둔 속셈이 있는가 싶네.

"그리하야 무르익은 여체와 총각 스님의 인연이 시작되얏고, 역사는 이루어졌으니……."

서라벌을 위한 경사였다.

원효 스님이 궁 밖으로 돌아다니며 하는 노래 소리를 듣고 태종 무열왕은 그 노래의 뜻을 깨달았다.

"이 스님은 필경 귀부인을 얻어서 귀한 아들을 얻고자 하는구나. 나라에 크게 어진 이가 있으면 이보다 더 좋은 일이 없으렷다."

이미 왕의 작심이 있으니 허락 받은 것이나 진배없었다.

과연 궁주는 태기가 있더니 귀한 아들을 낳았다. 그이가 커서 현인의 칭호를 듣는 설총이다. 설총은 나면서부터 지혜롭고 민첩하여 경서와 역사에 널리 통달하여 신라 열 사람 현인 중의 한 분으로 추앙 받는 사람이 되었다.

원효는 이미 계를 저버리고 총을 낳았으므로 속인의 옷으로 바꾸어 입고 스스로 소성거사小性居士라 하였다. 우연히 광대들이 연희할 때 사용하는 도구를 얻었다. 그로부터 무애無碍라 자칭하며 백성들과 노래하고 춤을 추니 시골 백성들조차도 부처와 보살의 이름을 알게 되었고 '나무아미타불' 을 부르게 되었다. 이로부터 신라 백성들은 부처의 도리를 알기 시작하였다.

원효 스님이 물에 빠진 다리가 어찌 생겼는지 궁금하던 차에 모기내에서 다리 흔적이 발굴되었다. 요석궁과 월성 사이, 남산 기슭에서 계림으로 통하는 위치에서 개울 바닥에 숨어 있던

다리발 자취를 찾아내었고 이쪽저쪽 다리가 시작되던 부분에 다듬은 화강석으로 반듯하게 쌓아 올려 완성한 교안橋岸도 나타났다.

다리발 터전에서는 다듬은 돌로 만든 구조물의 기반이 나타났는데 아주 정연하고 앞과 뒤를 마름모꼴로 만들어 흐르는 물에 저항하지 않게 하였다. 오늘에 볼 수 있는 유선형법과 같은 모습이다. 이 기법은 조선시대 석교에서도 볼 수 있으며 현대 교량에서도 발견된다.

다리발을 유선형으로 만든 돌다리 중의 하나가 진천 땅에 있는 농다리이다. 넓은 개천에 가설한 고려시대 돌다리인데 농다리의 다리발은 인근에서 주워다 쓴 작은 자연석으로 조성하였다. 상경 용천부 다리발과 유사하다. 다듬은 돌로 정연하게 축조한 모기내 석교 계열의 유형과는 다른 모양이다.

농다리는 다리발 간격을 좁게 만들고 불규칙하게 생긴 여러 개의 판석을 건너질러 교상을 만들었다. 그에 비하면 모기내 돌다리 교각은 간격이 넓다. 발의 간격이 이만큼 넓은데도 과연 돌을 건너지를 수 있었는지의 여부는 잘 모르겠다. 한양의 살곶이다리나 수표교처럼 평석교는 다리발 간격이 좁아 다리발 위에 설치한 교상을 돌로 하였는데 모기내의 평석교는 어떤 구조였는지 조사한 사람들의 견해를 아직 듣지 못하고 있다.

위/ 모기내에는 신라 때의 다리인 월정교의 자취가 남아 있다.
옆면 위/ 고려시대의 다리인 진천의 농다리. 엄청난 수압을 견뎌낼 수 있는 구조가 특징이다.
옆면 아래/ 서울 행당동의 살곶이다리. 조선시대 평석교로서 사적 제160호로 지정되어 있다.

무지개다리

한동안 백안 사진가는 경남 영산靈山 지방을 열심히 다녔다. '쇠머리대기'라는 영산 사람들의 놀이를 찍기 위한 노력이었다. 줄다리기와 쇠머리대기는 같은 시기에 연희되는데 줄다리기는 좁은 골목에서 실시되고 쇠머리대기는 학교 운동장, 넓은 자리에서 신명나게 진행되었다. 연희가 진행되는 동안에는 외지에서 몰려든 사람들로 해서 시끌벅적하였다. 이들은 국가의 중요무형문화재로 지정되었는데 '영산 쇠머리대기'는 제25호이고 '영산 줄다리기'는 제26호이다.

영산에서는 다리밟이인 답교踏橋 행사도 한다. 읍내 개천에 가설된 무지개다리를 깃발 들고 풍물 치며 건너가는 연희인데 주민들이 참여하며 매우 행복해 한다. 그런 돌다리 만년교萬年橋는 지금 보물 제564호로 지정되어 있다.

무지개다리는 여러 고장에서 볼 수 있다. 자잔한 돌로 축조한 것이 무지개다리(홍예교)이다. 넓지 않은 계곡을 건너게 하는 무지개다리는 홍예 하나로 완성되지만 넓은 개울을 건너게 하려면 여러 틀의 무지개를 연속시켜야 한다. 그래야 긴 다리가 완성된다. 한 틀로 만든 무지개다리로는 보물 제400호로 지정된 선암사 승선교昇仙橋가 유명하고 여러 틀의 홍예로 완성한 다리

옆면/ 보물 제564호로 지정된 영산 만년교

위/ 보물 제400호인 선암사 승선교와 강선루
아래/ 홍예 아래에 설치된 용머리 석상

로는 벌교筏橋의 홍교가 이름이 났다.

  너무 넓으면 다리 놓기가 어렵다. 그런 강에는 '배다리'를 설치하기도 한다. 압록강에서 이성계 장군이 회군할 때 이용한 다리도 배다리인 주교舟橋이고, 정조 임금이 아버지의 능을 참배하려 한강을 건널 때 이용한 것도 배다리이다. 화성으로 능행할 때 설비한 배다리는 이제 널리 알려져 유명한데 그 배다리의 모양과 다리 놓던 장면이 능행도陵行圖에 그려져 있고, 한양가漢陽歌에 읊어져 있어서 꽤 구체적으로 알 수 있게 해 준다.

  다리를 건너야 길이 계속된다. 그런 길섶에 장승이 섰다. 헤벌쭉하게 웃는 모습을 한 나무로 깎은 장승도 섰고 돌로 묵직하게 다듬어 근엄한 자태의 장승도 있다.

벌교의 홍교. 넓은 강을 건너기 위해 여러 틀의 무지개를 연속시켜 가설하였다.

웃음의 미학

"길이 얼마나 남았느냐?"
가마 속에서 마나님 목소리가 났다. 너울 쓰고 따라가던 말 탄 여인이 고운 목소리로 대답한다.
"이제 온 지 시오리 되었나 보옵니다. 오리정을 지나고 있습니다."
"그래, 그렇다면 장승 서 있는 곳이 머지 않겠구나. 잠깐 머물렀다 가자."
장승이 오리五里마다 하나씩 서 있어서 가는 행보에서 길의 거리를 가늠할 수 있게 한다. 그것을 제도라 한다. 삼십 리마다에는 중화(中火, 점심)할 수 있는 시설과 말을 갈아탈 수 있는 역驛이 있었고 다음 삼십 리에는 머물러 잘 수 있는 원院이 있었다.
가마가 멈춘 곳에는 잘 자란 나무가 있고 그 아래 여러 장승들이 서 있다. 올해에 다시 모셔 세운 장승들이다. 해마다 그 자리에 새 장승을 다시 세운다. 어느 마을에서는 그런 장승 세우는 일을 크게 여기고 마을 제사를 지내거나 굿을 올린다.
"살아 생명 있는 잘생긴 나무 중에 싱싱한 것으로 고르지. 그리고는 긴 뿌리만 자르고 여럿이 달려들어 뿌리째 뽑아 낸단 말이지. 장승 머리를 뿌리 쪽으로 새기거든. 다 되면 굿을 하면서 심어 세우는데 살아서 하늘을 향했던 데가 땅에 들어가는 것이지. 말하자면 하늘이 나무로

위/ 나주 운흥사 터 입구의 할머니 장승
아래/ 선암사 입구의 거꾸로 세운 나무장승. 뿌리가 하늘을 향하고 있다.

좆을 만들어 뿌리를 자기 사타구니에 차고 힘찬 나무를 땅에 꽂고 흘레하는 형상이 되는 것이지. 그래야 풍년이 들어."

"꼭 그런 것만도 아닌 것 같드구먼."

하긴 백안 사진가와 함께 완도 금산에 갔다가 한바퀴 돌고 상주해수욕장 다녀 돌아오는 길에 우연히 아주 멋진 나무장승과 해후하였다. 굽은 나무를 이용하여 묘하게 다듬었다. 키는 아주 작은데도 지닌 기세로 해서 얼른 접근하며 얕잡아보는 어리석은 짓을 용납하지 않는 그런 기품이다. 얼굴은 아주 길고 생김새도 아프리카의 목각인형처럼 기묘한 모습이나 전혀 밉지 않고 그 표정으로 해서 오히려 웃음을 자아낸다. 누군가가 코에 금줄을 쳤다. 얼굴 중턱에 금줄을 잡수신 폭이다.

"세상에 이런 일도 있구먼. 오늘 천하 제일의 장승님을 뵙게 되는 영광을 누렸네."

우리들은 다들 그 장승이 처음 보는 모습이지만 전혀 낯설지 않다는 데 공감하였다. 우리들이 그간 보아 온 장승들은 키가 당당하고 '천하대장군', '지하여장군'의 명찰을 가슴에 달고 섰거나 벙거지 쓰고 헤벌쭉하게 웃고 있는 통방울 눈의 시골 할아버지처럼 인심 좋은 모습이었다. 제주도의 '돌하르방'과 같은 신장상도 있고 남원 실상사 어귀의 돌장승처럼 다정하게 웃고 있는 얼굴도 있다. 그들에 비하면 상주의 키 작은 나무장승은 그 궤를 달리하는 또 다른 유형이라고 할 수 있다.

남해 상주해수욕장을 지나다 본 나무장승. 코에 금줄을 잡수셨다.

우리가 갖고 있는 자료에 선사시대 어른들이 만든 얼굴이 있다. 흙을 빚어 놓고 손가락으로 움푹움푹 눌러 눈과 코를 그리고 입도 형상하였다. 대단한 추상성을 발휘하였다. 그러나 그것을 보는 순간 사람의 얼굴을 그렇게 표현하였다는 점을 느낄 수 있는 정도이다. 현대인들은 그렇게 대담한 추상기법을 발휘하기 어렵다. 어쩌면 엄두도 내기 어려울지 모른다.

이 계열의 흐름이 선사시대로 마감되었다고는 보지 않는다. 어떻게 지속되고 있을까의 궁금증을 해소시켜 주는 또 다른 자료가 황룡사 터에서 발굴된 치미鴟尾에 부속되어 있는, 그 부속품에 나타난 사람의 얼굴이다. 손가락과 가는 대나무 정도의 연모를 사용하여 사람 얼굴을 만들었는데 웃는 모습이다. 전혀 군더더기가 없는 천진난만한 얼굴이다. 정말 무구한 형상이다. 각별히 웃는 모습을 만들자고 작심한 것이 아닌데도 만들고 보니 얼굴에 웃음이 번졌다. 신비한 웃음이 서렸대서 '신라의 미소'라 부르게 되었다.

황룡사 터에서 나온 치미는 그 키가 1.8미터에 이른다. 이 정도의 키를 가진 치미라면 적어도 지상으로부터 30미터 가량 높이의 용마루가 있는 건물에 설치되었던 것으로 추정할 수 있다. 치미 부속품에 얼굴을 만든 것은 커 봐야 지름이 15센티미터 가량에 불과하다. 지상에서는 30미터 높이에 있는 이 얼굴이 눈에 뜨이기 어렵다. 그런데도 불구하고 보이지 않는다는 점을 누구보다도 잘 아는 사람들이 거기에 그런 얼굴을 만들어 설치하였다. 이는 사람들에게 내보이려는 의사가 없었다는 의미가 된다. 치미에 필요한 부속품을 만들어야 하고 거기에도 장식이 있었으면 좋겠다는 생각에서 무심하게 만든 얼굴에 불과하다. 그러니 사람을 의식하고 만들 필요가 없었고 천진무구한 얼굴을 그렇게 표현한 것으로 만족하고 말았다. 그렇긴 하지만 그런 표현을 할 수 있는 기법과 심성이 어떻게 배양되었을까가 우리의 관심의 대상이 된다. 분명히 어떤 기반이 있었을 것이다.

선사인이 흙으로 만든 얼굴. 손가락으로 움푹움푹 눌러 눈, 코, 입을 형상하였다.

바위 얼굴

돌아와 거울 앞에 앉은 중년의 누이가 포동한 속살을 드러내고 앉아 치장을 하고 있다. 새벽에 깊은 산에 들어가 잘생긴 바위를 타고 앉아 "아들 하나 점지해 주소서" 지성스럽게 알 터를 파고 오더니 신색이 아주 좋아졌다. 오늘이 멀리 타향에 나갔던 매형이 돌아오는 날이다. 누이가 바라던 희망이 싹트고 있나 보다.

누이는 오늘 유별난 것을 보았다. 그렇게 다녔는데도 눈에 뜨이지 않았다고 하였다. 무심결에 지나치곤 하였다. 그런데 오늘 이상하게 그것이 눈에 들어왔다. 천연스러운 바위인데 사람의 얼굴이 거기 있었다. 무심히 보면 무덤덤한 바위인데 돌에 걸려 엎어졌다가 일어서며 보니 그런 바위 얼굴이 눈에 뜨였다.

"글쎄 왜 하고많은데 다 두고 하필 바로 거기에서 자빠졌는지……. 원, 알 수 없는 일이지 뭐야."

설레는 마음으로 다가가 보니 얼굴은 어느덧 사라지고 만다. 되돌아가 아까 그 자리에서 다시 보니 그 얼굴이 또 드러나 보였다. 누이는 감격스러워 그 자리에서 수없이 절을 하였다. 누이의 절간이 새로 마련된 것이다. 이래저래 오늘의 누이 심경은 하늘의 별을 딴 듯이 기쁘고 즐겁다.

누이가 넌지시 말하는 바위 얼굴의 얘기를 듣고 곧이 믿는 마음이 되었다. 전에 그런 바위 사진을 책에서 본 적이 있었다. 백안 사진가가 찍은 것이란 설명이 있었다. 경주 남산 탑곡, 바위에 부처가 들어가 앉은 곳에는 크고 작은 바위들이 웅기중기 모여 있는데 그 중의 한 바위에 영락없이 이마, 눈, 코와 입 그리고 턱까지의 모습이 역력하였다.

백안 사진가는 울릉도 저동의 바위 얼굴도 사진에 담아 소개하였다. 일본을 바라다보며 눈을 부릅뜬 얼굴이었다. 바위의 그런 얼굴이 고구려의 수도였던 집안, 집안의 동편으로 압록강 끼고 달려간 장소에 있는 국동대혈國東大穴에도 있더라고 하였다. 국동대혈은 고구려 왕정王廷

경주 남산에서 만난 바위 얼굴. 천연의 바위가 사람의 얼굴 형상을 하고 있다.

의 대인들만 시월 상달에 참예하여 불의 신燧神을 모시고 국태國泰하고 민안民安하기를 기원하고 시화연풍時和年豊하여 백성들의 삶이 윤택해지기를 축원하던 신단이었다. 대혈은 큰 동굴인데 그 안에서 영신迎神하여 모신 불의 신에게 경배하였고, 제의祭儀가 끝나면 통천교通天橋에서 하늘로 올라가는 신을 배웅하는 굿을 하였다. 그런 영험한 장소 어귀, 바위 벼랑 위쪽 상단에 근엄한 한 얼굴이 우뚝하더라는 설명이 사진 아래 쓰여 있었다.

또 다른 책에서 보았다. 역시 백안 사진가가 찍었다는 것인데 독도에서 남녀 모습의 두 봉우리 바위가 포옹하고 있는 장면을 목도하였다고 하면서 같은 형상을 고구려의 국동대혈에서도 보았노라고 하였다. 국동대혈의 남녀상은 아래 모셔진 신상으로 보아 천신과 토지신인데 두 신을 남녀의 형상으로 상정하였다. 그 두 남녀는 포옹을 하였고 어느덧 남성의 주인이 여성 속으로 들어갈 채비를 하고 있다. 이들은 천연의 바위일 뿐 사람의 손이 닿은 흔적이 없다고 한다.

왼쪽/ 눈을 부릅뜨고 동쪽을 지키고 있는 울릉도 저동의 바위 얼굴
오른쪽/ 독도 서쪽 끝의 남녀 포옹 바위

"어떻게 그런 바위가 생겨난 것일까?"
생겨난 것은 사람의 의지가 아니므로 조물주에게 가서 그 의도를 물어볼 수밖에 없다.
"기회가 올 때까지 덮어두고 기다려야지 뭐."
하지만 우리들에게 남겨진 의문은 주목하지 않을 수 없다.
"도대체 그런 바위를 찾아낸 사람들은 어떤 의식을 지닌 분들이었을까? 어떤 눈매였기에 그런 신비를 포착할 수 있었고, 임금님에게 무엇이라 아뢰었기에 거기에 그런 제천단을 조성하였던 것인지가 궁금하다 이 말씀이지."
결국 그런 조성의 마음이나 웃음의 얼굴을 만드는 심성이 한 바탕에서 함양되었다고 보인다. 천연의 아름다움에 달통한 사람의 눈매에서 비롯된 일이라 할 수 있을 것이기 때문이다.

왼쪽/ 고구려 국동대혈을 지키고 서 있는 인왕상을 닮은 바위 얼굴
오른쪽/ 고구려 국동대혈의 남녀 교합 바위

조물주와의 합작

전라북도 정읍에서 전라남도 장성으로 넘어가는 고개 마루턱에 거대한 바위 얼굴이 있다. 노령산맥 능선의 한 끝에 있는 바위이다. 조선시대 분들은 그 얼굴이 처용處容을 닮았다고 해서 '처용바위' 라 부른다고 『신증동국여지승람新增東國輿地勝覽』은 기록하고 있다.

1970년대에 바위에 올라가서 줄을 탄 사람들이 살펴보았다. 바위의 천연스러운 갈라짐과 틈새와 떨어져 나간 부분이 묘하게 눈과 코와 입을 만들었다. 그런데 한쪽 눈에는 사람들이 따로 손질한 자국이 남아 있었다. 아마 그쪽에 눈이 없었나 보다. 한쪽 눈밖에 없는 애꾸눈이 민망스러운 사람이 줄을 타고 달라붙어 그쪽 눈을 알맞게 만들어 보충하였다고 느껴진다. 그런 천연을 볼 수 있는 눈이 있었다는 점에 주목하여야 한다. 그런 눈매가 없었다면 자연에 그런 형상이 있는 줄조차 몰랐을 것이기 때문이다.

천연이 만든 작품에 사람의 마음이 손을 대어 처용의 얼굴을 완성시켰다. 이런 작위作爲를 무어라고 해석해야 옳으냐가 조형성造形性을 말하려는 사람들에게 큰 과제가 된다.

"조물주와 인간의 합작이라고밖에 우선은 정의할 구실이 없는 것 아닌가."

개념 정리에 논리가 따라야 한다.

소원성취를 기원하면서 바위를 가는 모습

조물주와 인간의 합작이 과연 보편적이냐, 아니면 특정적이냐를 먼저 살펴야 한다. 木壽의 전제는 보편적이라는 쪽에 무게를 싣고 있다. 인간이 신탁神託을 받은 행위를 하고 있기 때문이다. 단적으로 말한다면 아이 낳는 행위를 하고 있다. 아이 만드는 작업은 의도적으로 하지만 아이가 드는지의 여부는 인간이 예측하지 못한다. 생산의 여부는 신의 영역이어서 인간이 범접할 여지가 없기 때문이다. 또 아들인지 딸인지도 인간은 전혀 가늠하지 못한다. 신탁에 따라 인

경주 남산에는 천연의 바위에 인간이 합작하여 용과 거북이의 형상을 만든 흔적이 있다.

간이 생산의 수단을 대행하였을 뿐이다. 그 점에서 신과 인간과의 합작이라고 할 수 있게 된다.

돌아와 거울 앞에 앉은 누이도 수없이 아이 낳고 싶은 작업을 신명나게 하였지만 아직도 점지하였다는 소식이 오지 않아 바위를 타고 앉아 알 터를 만들며 자식 낳기를 기원하고 있다. 신의 의도를 향한 기원이다.

"신의 의도를 행할 수 있게 기회를 주소서."

누이가 오늘 기분이 좋은 것은 기막힌 바위 얼굴을 보았다는 예점이 다시없는 길상이라는 믿음 때문이다. 오랜만에 타향에서 돌아오는 낭군 품에 안기면 틀림없이 신탁의 길로 들어설 것만 같다는 믿음이 솟아오르고 있다.

인간은 신탁된 행위를 기대 속에서 즐겁게 행사하고 있는 것이다. 이는 천연이 공여供與해 주는 주재土材에 인간의 의식을 투영하여 새로운 하나를 이룩해 내는 작업과 다를 바가 없다. 그런 인간의 행위를 생산이라 하고 현대인들은 창작이라 부른다.

아무리 창작이어도 우주가 공여해 주는 기반 속에서 이룩된다는 점을 주목하면 조물주와 인간의 합작은 모든 면에서 보편적으로 진행되고 있다고 할 수 있다. 木壽는 그런 관점에서 보편성에 무게를 싣고 있는 것이다. 이런 보편성은 천재가 아니어도 생산과 창작에 참여할 수 있음을 알려 준다. 그리고 그런 보편성은 원초시대의 인류로부터 현대에 이르기까지 수없이 많은 사람들의 노력에 의한 그런 생산을 지속 가능하게 한다.

자식 비는 바위

경주 남산 동편으로 연이어 있는 산이 마석산이다. 산 아래로 질펀한 들이 널리 펴져 있어 신라시대에도 농사 고장이었을 법하다. 그 산기슭에 마을이 있고 지금도 제법 토실해 보인다. 마을에서 산을 바라다보면 봉우리들이 눈에 들어온다. 그 중의 한 봉우리가 유독 눈을 끈다. 마치 바위들이 모여 꽃을 피운 듯이 정상을 장식하고 있기 때문이다.

"무엇이 저러는고."

싶어 올라가 보았다. 가깝게 갈수록 바위 다발이 어떤 형상을 이룬 듯이 느껴지기는 하나 무엇이라고 꼭 집어 말하기는 어렵다.

올라가며 보니 사람들이 다니는 길이 만들어져 있다. 길은 감돌아들고, 외돌아 들어서 봉우리의 여러 면을 보면서 접근해 갈 수 있게 마련되었다. 드디어 정상에 이르러 보니 작고 큰 바위들이 모여 있는데 그 복판에 바위 하나가 우뚝 솟아올라 있다. 한 아름이나 될 굵기인데 사람 키의 두 배도 넘을 그런 헌헌장부의 기상이 실린 바위이다. 흔히 '촛대바위'라 부르던가 '붓바위' 혹은 '좆바위'라 부르는 남근석 유형의 형상이다.

"우람하고 당당합니다. 이만하면 선덕여왕 여근곡女根谷의 배필이 되긴 좀 부족하더라도 상

옆면 위/ 바위들이 모여 꽃을 피운 듯 몰려 있는 경주 마석산 봉우리
옆면 아래 왼쪽/ 우람하게 서 있는 남근 바위
옆면 아래 오른쪽/ 경주 남산의 기자암

바위에 촛불을 켜 놓고 아이 낳기를 비는 마음

당한 수준에 이른 명품이라고 할 만하네요."

이들 바위들이 인위적으로 거기 그렇게 모여 있다고는 보이지 않는다. 그러나 어울리지 않는 바위는 제거하든지 깎아 버리든지 한 흔적은 보인다. 인위적으로 가꾸었다는 암시인 듯하다.

"그렇기는 하지만 중앙에 서 있는 바위와 주변 바위가 이렇게 절묘하게 한 모습으로 조형된 것을 어떻게 해석해야 옳단 말인가."

의문이 꼬리를 문다. 현대 인식의 되바라진 관습인데, 아마 전의 사람들은 존재 자체만으로 이미 경배敬拜하였지, 따로 의문을 갖는다든지 하는 따위의 불경을 저지르지 않았을 것이다.

한참이나 맴돌다가 다시 마을로 내려왔다. 마침 할머니 한 분을 만났다.

"자식 없는 사람들이 비는 바위야."

간단한 대답이었다.

"전에는 마을 사람들이 제단에 제물을 진설하고 해마다 크게 제사를 받들었지."

지나온 얘기도 들려 주셨다.

"제단도 어디 있겠네요?"

"저어기 골짜기로 가 보구랴."

할머니는 별 싱거운 사람들 다 본다는 듯한 표정이 되어 가던 길로 바삐 걸어갔다. 골짜기로 들어가 보니 큼직한 바위가 있는데 제상祭床 구실하기 알맞게 생겼다. 그러나 천연의 바위 그대로였다.

치장한 남근석

입석이 하나 섰다. 옆의 표석에 중요민속자료 제14호라고 새겼다. 전라북도 순창군 팔덕면 산동리에 있다. 이웃한 창덕리에는 같은 민속자료 제15호가 있는데 역시 지정 명칭이 남근석이다.

"이 남근석은 대단히 치장을 하였군요."

맑고 드높은 하늘에 구름 한 점 보이지 않는다. 그 아래에 탱천하는 기운을 지닌 남근석이 섰는데 표면 전부에 무늬를 부조하여 장엄하였다. 밑부분에는 잘 피어난 연꽃까지 구색하였다.

제15호는 산기슭 밭두렁 한편에 서 있다. 지금은 골짜기에 밭이 일구어져 있으나 500년 전 이 입석이 세워질 즈음엔 개간되지 않은 상태이었을 것 같다.

이 남근석 보기 전에 순창읍 입석 마을에서 예비 지식을 얻었다. 집주인 할머니의 지식이었다. 그때의 일을 木壽는 『섬진강변의 문화回廊(申榮勳의 역사紀行 ⑨)』에서 이렇게 적었다.

골목 안 막다른 집을 찾아간 얘기부터 시작하였다. 서금순 할머니 댁이었다.

입석이 시작되었다는 집에 찾아가니 할머니 한 분이

옆면 왼쪽/ 중요민속자료 제14호로 지정된 순창군 팔덕면 산동리의 남근석
옆면 오른쪽/ 중요민속자료 제15호인 팔덕면 창덕리의 남근석

"어서 오슈."

하며 반갑게 인사한다. 어려서 시집올 때만 해도 이 마을 제일의 부잣집이었다고 한다.

"저 담 너머 신작로 쪽에 전봇대만한 입석이 서서 집 안의 이 '누운 돌'을 넘보고 있었어. 그래서 이 집이 부자로 살았다는 거여. 그런데 우리 시할아버님께서 좀 인색하셨는데 어느 날 스님 한 분이 시주 받으러 왔드래. 늘 그렇듯이 조금밖에 시주하지 않았지. 그 스님이 입석을 가리키며 '저 놈을 땅에 묻으면 더 부자가 되련만은······.' 하드래. 일꾼들을 시켜 묻었지. 그 후로 가세가 기울면서 옛날만 못하게 되고 말았대여."

후회를 하고 그 입석을 찾아 다시 세우려 하였지만 영 찾을 수 없어 단념하였는데 이제는 한참 시절에 비하면 아주 영락하여서 초라하게 되었다고 한숨을 쉰다.

"이 '누운 바위'가 입석과 짝이 되던 여근석인가 보군요."

누웠다는 표현이 일어선 남근석에 비유하는 의미인가 보다.

"전혀 형상이 닮지 않았는데도 그렇게 상징되었나 보죠."

여근으로 보기엔 너무 동떨어진 것이나 이 고장에서는 그렇게 생겼으면 다 여근으로 이해하였나 보다.

창덕리 남근석이 서 있는 위치는 산기슭이다. 안에서는 눈에 뜨이지 않으나 반대편 태촌 마을 앞 신작로, 마을에서 한참 떨어진 신작로에서 논을 거쳐 멀리 건너다보면 그 산기슭이 포함된 형국은 포형鮑形으로 여궁혈을 닮았다. 신작로에서 여궁혈과 반대되는 산기슭의 언덕 위로 올라가니 무덤이 있다. 쌍분인데 안대眼對가 바로 남근석이고 그 뒤로 순창읍의 진산인 '에미봉'이 솟았다. 묘하게도 일직선상에 있다. 혹시나 해서 살폈더니 너럭바위가 있는데 아까 서금순 할머니 댁에서 본 '누운 바위'와 영락없이 닮았다.

"남근석 설립 근원이 바로 이 점에 있는 것 같군요."

선 돌과 누운 돌은 상당히 떨어져 있지만 그런 간격 정도는 문제되지 않았나 보다.

창덕리 남근석이 있는 고장의 형국

놀라운 설정

산동리 남근석은 문전옥답이 내려다보이는 마을 바로 어귀에 있다. 물색이 좋은 단풍나무 아래 당당하게 섰고 전신이 부조한 무늬로 장식되어 창덕리 남근석과 마찬가지로 장엄이 도저하다. 지금까지 우리가 보아 온 남근석 중에서 창덕리 것과 더불어 제일 많은 치장을 하였다. 木壽의 설명이 계속되고 있다.

우리에게 남근석은 중요한 존재였다. 일종의 태양숭배의 신체神體이기도 하고 풍요를 부여하는 생산의 상징이기도 하였다.

백제인들이 대거 이주하여 도성을 이루었던 일본 아스카飛鳥에 '아스카좌飛鳥座'라는 신사가 있다. 그 경내에는 무수한 남근석과 음석을 모셨고 그 중에서 가장 잘생긴 남근석을 대장으로 삼았는데 그것은 단순한 자연석의 자그마한 입석이지 여기처럼 멋을 부리지 못하였고 금줄만 잡숫고 있었다. 순창의 남근석이야말로 인위적인 입석을 대표하는 대단한 작품이라고 할 수 있다.

산동리 남근석은 둑처럼 축조된 방죽 한 끝에 섰다. 저수지도 아닌데 마을과 평야 사이에 이

옆면 위/ 일본 아즈카좌 신사의 신체인 남근석
옆면 아래/ 일본 아즈카좌 신사에 나열된 많은 음석과 양석들

런 둑을 만든 것이 신묘하다. 이리저리 돌아보며 감상하는 중에 남근석 반대편 둑이 끝나는 부분에 '누운 바위'가 있음을 보았다.
"이것 좀 보세요. 이리 오셔서 건너다보셔야 뵙니다."
육안으로도 '누운 바위'와 남근석이 일직선상에 있고 그 선이 연장된 저 끝에 '에미봉'이 우뚝 솟아 있다.

여근석으로 추정되는 이 바위는 남근석과 직선상에 배치되어 있다.

"이것 만만한 일이 아닙니다. 무언가 의도한 바가 있습니다. 단순히 아기 낳자고 비는 그런 소승적인 것이 아닐 가능성이 농후합니다."

"마을의 풍요를 비는 신체일 가능성을 지적하시는 건가요?"

"태양숭배 사상을 지닌 사람들의 의식에서 남근석은 아주 중요합니다. 고구려나 부여의 시월 상달 국중대회에서 거대한 남근석을 높게 만들고 나선형 계단을 따라 무녀巫女가 춤을 추며 정상으로 올라가, 마치 여성이 위로 올라간 체위로 성교하듯이 하며 너부러지게 춤을 추는 의식을 행하였다고 하는데요. 그런 관습의 분포가 코카서스로부터 부여나 고구려에 이르기까지 이어져 있었다는 조사보고가 있습니다. 19세기 서구의 탐험가들이 현지조사한 보고서입니다. 그들은 고구려와 부여를 모르므로 포괄하여 '코리아'라고 하였습니다."

오늘에 볼 수 있는 이와 같은 남근석이 비록 후대에 와서 축소되긴 하였지만 내재된 의도 속에 그런 의식의 잔형을 보이는 함축이 들어 있는 것이라면 전통이 계승되고 있다고 할 수 있다.

"저렇게 아름답게 치장하는 일도 그래서 가능하였던 것이지요."

"시월 상달에 한 번 사용하고 헐어 두었다가 이듬해에 다시 만드는 것과 달리 이 작은 남근석들은 지속적인 효능을 겨냥한 것에 속한다고 할 수 있겠죠."

지속적인 효능은 삶의 터전에서의 염원과 발원한 성과에 대한 효과 있는 결과에 직결된다고 할 수 있다. 남근석의 설정이나 의도적인 설치가 그런 효과를 보증하는 것이라면 마을의 안녕과 삶의 터전을 보호하고 그로 인해 소득되는 바를 겨냥하였다고 할 수 있고, 마을과 남근석이 거기 자리잡게 된 까닭에는 심중한 의미가 없다고 말할 수 없게 된다.

경주의 양동良洞 마을은 명산 언덕 위로 터전을 잡은 명기名基 중의 한 마을로 유명하다는 지적이다. 경주 기북면의 용계정이 있는 마을도 명산을 배경으로 한 명기 중에 자리잡았다고 마을 사람들은 주장한다. 산기슭보다는 강이 감도는 자리에 터전을 이룩한 안동 하회 마을의 여건이 더욱 놀랍다고도 한다. 명기 중의 명기라는 평가이다. 마을 전체를 낙동강이 감돌아들어 '물태극水太極'의 형상이 되었고 그에 따라 산들도 또한 태극형을 띠어 이 마을은 정체되지

않고 늘 역동적인 삶을 영위하게 되었다는 것이다.

"신기한 일은 상류인 안동과 하류 지방에 홍수가 나서 마을에 큰물이 들어 낭패보았다고 아우성인데도 하회 마을엔 물이 들지 않는다는 겁니다. 지형이 그렇게 형성되었기 때문이라는 해석입니다."

그런 마을에서는 남근석 보기가 어렵다. 완벽한 지형인데 따로 더 비보神補할 까닭이 없기 때문이다. 그런 관점에서 보면 순창 산동 마을은 약점을 보완하기 위한 인위적인 설정이 필요하였던 것이다. 총명한 인간들은 자연에서 배운 식견에 따라 조물주와의 합작을 시도하였고 성과 있는 결과를 얻었다. 그 결과를 남근석이 주도하였다고 할 수 있는데 결과적으로는 조물주의 의도에 영합한다는 지혜를 발휘한 것이다.

옆면 위/ 낙동강이 마을 전체를 감돌아들어 물태극의 형상을 이룬 안동 하회 마을
옆면 아래/ 북편 부용대에서 바라본 하회 마을. 물 위에 연꽃이 떠 있는 연화부수형의 형국이기도 하다.

산을 뒤에 두고

'산이 많은 나라이며, 그곳 백성들은 산곡간山谷間에서 석간수石澗水를 마시며 살기를 즐긴다' 라고 고구려인들의 성정을 중국 역사가들은 그렇게 인식하고 역사책에 서술하였다. 3세기의 일이다.

산이 있어서 산에 사는 관습이 생겼다면 그 산이 삶의 터전이 된다. 산은 사철의 변화를 통하여 그곳에 사는 사람들을 매혹시키거나 경탄케 한다. 삶을 영위하게 하는 천연의 공급말고도 사철의 변화에 따른 신비로 해서 인간들은 감복하고 그런 산을 외경畏敬하였다.

산은 산신이 사는 곳이며, 하늘의 뜻을 받아 하강한 신인들이 백성을 다스리던 무대였다. 환인의 명을 받은 환웅이 하늘에서 내려와 터를 잡은 곳도 산이고 단군이 태백산에 거점을 마련하고 신단수 아래에서 신시神市를 열었던 것도 산을 터전으로 여겼기 때문이다. 고구려를 건국한 고주몽도 부여에서 탈출하여 처음으로 나라를 세운 곳이 해발 800미터가 넘는 높은 산이었으며, 여기에 흘승골성紇升骨城을 건설하였다. 그곳은 지금도 우리가 가 볼 수 있는 자리에 있다. 그런 나랏님이 계신 산을 두고 백성들은 주변에 산다. 백성들은 아주 절약하고 근검하였는데 임금님을 위한 궁실宮室을 지을 때는 전혀 아끼지 않고 잘 짓기를 위주로 삼았다. 그리고는 임금님을 끔찍이 위하였다. 그렇게 받들어 모시는 높은 곳에 사는 임금을 '감나비'라 불렀다. '검

나비'라고도 한다. 임금님을 지칭하기도 하고, 임금님의 처소를 일컫기도 한다.

감나비에는 돌로 쌓은 돌각담이 있다. 신성한 장소의 표시이다. 이런 표시가 일본에도 있다. 교토 근교의 산성山城도 그 중의 하나이며, 그 산을 바라다볼 수 있는 자리에 감나비절甘南備寺도 있다. 감나비사가 존숭하는 산성을 일본인들은 '조선식 산성'이라 부른다. 고구려 사람들이 이주하면서 터를 정한 처소라는 설명이다. 흘승골성이나 마찬가지로 높은 산에 돌각담을 쌓고 왕권이 둥주리를 틀었다. 미국의 원주민인 인디오들도 신성한 처소에 돌각담을 쌓았다. 우리와 DNA가 같은 종족이라는 판정에 따르면 같은 의식의 감나비법이 공통되어 있다고 할 수 있다.

고주몽이 나라를 세운 터전인 해발 800미터 절벽 위의 흘승골성은 볼수록 신비한 모습이다.

위/ 흘승골성에 따로 성을 쌓았다. 이것이 감나비성일 수도 있다.
아래/ 일본 교토 근교의 감나비절

뒷산을 닮았네요

산을 바라다보면서 그 산형의 아름다움을 마음에 새긴다. 산의 신비를 터득하고 있는 백성들 눈에 산형의 아름다움은 한 이상형이었다. 그래서 뒷산을 닮는다.

또 산에서 탄생하여 산을 무대로 도를 닦고 수련하며 살다가 죽어서 돌아가면 산소에 묻힌다. 그런 산소를 유택幽宅이라 하며 저승에 마련한 집으로 여기는데 그 유택의 둥그스름한 봉분의 모습이 갈 데 없이 뒷산 봉우리 형상을 여실하게 닮았다.

서도書道에서 자기 서체를 개발하여 유명한 예술가로 대성한 추사(완당) 김정희 선생 댁 선산에서도 볼 수 있다. 충청남도 예산 신예원 용궁의 추사 선생 생가 이웃에 윗대 어르신 김한신 공과 영조 임금님의 따님이신 화순 옹주 묘막이 있고 그 옆에 둥근 공을 반으로 잘라 엎어놓은 듯한 봉분이 있다. 두 내외를 합장한 무덤이다. 그 무덤의 봉분 모양이 바로 뒷산 모습과 꼭 닮았다. 저승에 가서도 산 같은 집을 짓고 머물고 있는 것이다.

우리들은 세계 어디에 가도 이런 형상의 무덤이 만들어져 있을 것으로 생각한다. 당연히 그렇지 않겠느냐는 인식인데 여태까지 다녀 본 바로는 그렇게 흔한 것이 아니었다. 돈황敦煌을 비롯한 지역에도 그런 무덤이 있었으나 그 중에서 우리나라 토분土墳이 무덤으로서는 가장 아름

다운 형상이며, 마치 어머니 젖무덤을 닮았다. 양지 바른 어르신네 무덤에 기대어 사랑을 속삭이기도 한다. 시골 고향의 낭만인데 산소가 그만큼 아늑한 분위기로 젊음을 감싸 주기 때문이다.

　유택에 살다가 때가 되어 이승에 환생하면 이번엔 뒷산을 닮은 양택陽宅을 짓고 또 산기슭에서 산다. 산과 산 사이에 산 같은 집을 짓고 사는 것이다. 그래서 양택의 초가지붕이나 기와지붕의 형상이 뒷산의 산형山形을 닮는다.

　"전에 木壽가 쓴 『한옥의 조형』에 실린 사진을 보니 정말 봉우리 셋과 그 아래 마을 집 초가지붕이 기막히게 똑 닮은 사진이 실려 있더라구요."

하회 마을의 초가들. 뒷산의 능선과 초가지붕의 형상이 여지없이 닮아 있다.

"그 집은 충주댐으로 마을이 물에 잠기는 통에 헐려서 지금은 보기 어렵게 되었습니다."
"집은 말할 것도 없고 터조차도 사라졌단 말씀이군요."
"전에 어느 미국 대학에서 특강을 하면서 그 사진을 비췄더니, 어떤 이가 나도 알아들을 수 있는 소리로 '잘 맞춰 찍었네' 하더라구요. 그래 나도 그만한 목소리로 물었죠. '혹시 댁의 나

산을 닮은 절집 송광사

라에서도 이만큼 잘 맞춰 찍을 수 있는 집이 있습니까? 그랬더니 눈만 끔뻑거리고 대답을 못하더라구요."

"어떨까요, 미국 집과 거기 산도 닮았던가요?"

"그건 제가 대답할 일이 못 됩니다. 직접 한번 찾아보시죠."

우리의 집은 비단 살림집만 뒷산의 산형을 닮은 것이 아니다. 궁집도 절집도 닮기는 마찬가지이다. 절집의 경우는 여러 고장에서 볼 수 있는데 특히 산사에서는 그런 예를 많이 본다.

뒷산의 모양을 꼭 닮지 않아도 집이 지닌 분위기가 산을 연상시키는 예도 있다. 기와집보다는 규모는 작지만 오히려 초가집에서 그런 맛이 짙은 집을 볼 수 있다. 그런 분위기의 집을 다른 나라에서도 볼 수 있느냐는 점이 우리에겐 관심거리가 된다. 우선 다른 나라 집들도 그렇게 뒷산에 닮도록 짓는 심성을 발휘하느냐에 있다. 아직 우리들이 보고 다닌 외국의 여러 고장에서는 그런 예를 발견하지 못하였다. 물론 사막이나 대평원에는 있을 리 없다. 설산에서도 보기 어렵다. 그렇지 않은 고장, 일본과 같은 산악국가나 중국 계림이나 황산 등지에서도 아직은 발견하지 못한 것이다. 더 찾아 봐야 결론이 나겠지만 우리처럼 자주 그런 형상이 눈에 뜨일 만큼 도처에 있는 예가 다른 나라에선 찾기 힘들 것 같다는 것이 지금까지 살펴본 바의 생각이다.

한옥은 천연의 바탕에서 조영造營된다. 그런 바탕에서의 조영을 우리는 천연스러움을 숭상하는 조형의식造形意識 때문이라고 규정 짓고 싶어한다. 자연과 인간의 조화에서 비롯된 의식인데 여기에 인위적인 요소가 다분하면 오히려 군더더기가 끼여든 듯이 어색해 보인다. 인간이 자연스러워야 하는 까닭이기도 하다.

그래서 한국인들은 아름다움의 표현을 '천연스럽다'고 한다. 갓난아이가 배시시 웃으면 '천연스럽게 웃는다'고 예뻐 죽겠다고 하면서 새아기 어머니들은 몹시 귀여워한다. '천연덕스럽다'는 말도 있다. 인위적인 행동이긴 하지만 아주 자유롭게 행동하거나 처신하는 것을 보고 하는 소리이다. 그런 천연덕스러운 사람들이 짓고 사는 천연스러운 집이 이 땅에 존재한다는 사실을 우리는 주목하고 싶은 것이다.

옆면 위/ 낙안의 초가
옆면 아래/ 구례의 운조루도 뒷산의 모습을 닮았다.

정자나무

고향 마을 어귀에 정자나무가 멋진 수형樹形을 자랑하며 자랐다. 벌써 수백 년의 나이를 먹었다. 그 나무가 마을로 들어오는 강풍을 막아 준다. 마을을 수호하는 신장 구실을 하는 것이다.

실제로 정자나무의 효과를 실감한 곳이 있다. 충청북도 진천읍 연곡리 마을에 잘 자란 정자나무 한 그루가 당당하게 서 있다. 마을 뒤로 보탑사가 자리잡고 3층목탑이 섰다. 정자나무는 목탑으로 불어 드는 동남풍을 단단히 막아 주고 있다. 그 덕에 바람의 피해를 크게 당하지 않는 덕을 보고 있다.

그런 나무 중에는 당堂나무가 있어서 마을에 스며들려는 잡귀를 퇴치하기도 한다. 마을을 수호하는 신장으로서 안팎의 구실을 다하고 있다. 그래서 마을 사람들은 그 고마움에 보답하기 위해 일년에 한 번, 아니면 다른 구실로 제사를 잡숫게 하고 금줄을 쳐서 잡인이 범접하지 못하게 한다. 당나무 그늘 아래 돌무지를 쌓아 서낭당을 만들기도 한다. 그런 돌무지는 고개 마루턱에도 있다. 오며가며 길가에 뒹구는 돌덩이를 주어다 쌓아 간다.

"던져서 돌이 무더기에 올라앉아 떨어지지 않으면 소원 성취한다구."

돌덩이가 길바닥에 나뒹굴면 달구지 다니기 어렵다. 말 타고 다니는 길이 위험하기도 하다.

옆면/ 당산나무로 자란 향나무

현대인들의 자동차가 돌덩이를 피해서 운전해야 하는 것이나 다를 바가 없다.

우리 조상들은 잡귀를 막는다는 명분으로 길의 돌을 치우도록 마을 사람들을 독려하였다. 누가 시키지 않아도 눈에 띄면 주어다 무더기에 쌓았다. 지금처럼 모르는 척 지나치는 현대인의 자가독선이 그 시절에는 없었다.

돌무지는 잔돌만을 쌓기도 하지만 그 정상에 입석처럼 큰 돌을 심어 놓기도 한다. 순창의 입석 마을 어귀에 있는 당나무 아래 돌무지의 입석은 마치 남근처럼 생겨서 나무 등걸에 생긴 둥근 홈을 향하여 버티고 있다. 풍요의 신탁을 행하려나 보다. 지리산 화개동천, 칠불사 어귀의 당나무 아래 돌무지는 마치 전방후원前方後圓의 형태인 양 쌓여 있다. 그 돌무지 정상에도 작은 입석을 심었다. 매우 의도적이다.

달성군 가창면 마을 어귀에서 마을을 지켜 주는 당산나무

나무를 동구 밖에 심는 까닭에는 다른 의도도 함축되어 있다. 나무에도 격이 있다. 소나무는 다른 나무가 누릴 수 없는 품위를 향유할 자격을 지녔다. 그래서 벼슬을 받는다. 속리산의 정이품正二品 소나무도 벼슬을 받은 나무 중의 하나이다. 벼슬 받은 소나무가 있는 마을에선 지나가던 길손들이 몸가짐을 조신하게 하였다. 임금님이 내린 벼슬에 대한 존경심의 발로이기도 하다. 백성들이 그만큼 임금님을 존경한 것이다. 대통령이 국가의 이름으로 준 훈장을 집어 던지는 일 같은 불상사는 그 시절엔 없었다. 나라의 권위가 백성들에게는 절대적이었고 그것이 사회 규범이었다.

　지금은 아침저녁 텔레비전에 비치는 대통령이 신비롭지도, 잘생긴 연예인보다 훌륭해 보이지도 않기 때문에 그 얼굴이 화면에 뜨자 대번에 채널을 돌리고 마는 사태가 야기되고 있다. 권

순창 입석 마을의 돌무지와 남근석. 나무 등걸의 둥근 홈을 향하고 있다.

위가 상실된 것이다. 그러니 공권력이 무시되는 터무니없는 일들이 자행되고 있다.

  소나무 대신에 느티나무를 심은 마을도 있다. 최소 판서라도 지낸 인물이 배출된 고장에서 심을 수 있다. 소나무나 느티나무가 마을의 품격을 대변하는 표시가 되기도 하는 것이다.

  느티나무가 정자를 이루면 마을 사람들이 그늘 아래 모여들어 무더운 여름 대낮의 뙤약볕을 피하기도 한다. 그런 정자나무에는 지나가던 소식이 머물기도 하고, 이웃 마을에서 일어난 일이 전달되기도 한다. 군인들이 지나치기도 하고 만세 부르는 마을 사람들이 몰려들기도 한다. 이쁜이가 시집가던 날의 광경이 정자나무 그늘에 잔영을 남겼는가 하면 돌림병으로 곤욕 치르던 기억도 그 그늘에 잠겨 있다.

  할아버지가 진사 시험에 장원하고 마을에 돌아오던 날 온 동리가 법석을 떨었을 때도 정자

영풍군 안정면 마을 어귀의 느티나무. 천연기념물 제273호이다.

나무 아래에서 풍물을 잡히기 시작하였다. 그래서 상여가 차마 발이 떨어지지 않아 정자나무를 몇 번이고 맴돌다가 비로소 발을 내딛는 것도 그만한 사연이 서로 얽혀 있기 때문이다.

"그이라면 그렇기도 하지……."

정자나무는 그 마을의 역사와 문화가 머무는 처소이며 정자나무는 마을의 역사를 기록하는 사관이기도 하고 마을 사람들이 주인공이 되는 생활터전의 무대감독이기도 하다.

영주시의 잘생긴 당산나무. 소나무의 품위가 느껴진다.

명월이 쉬어 가는 집

산기슭 외딴집은 자그만 초가집일 때가 많다. 가난해서 소박하게 사는 사람의 집인 경우도 있다. 그런 집은 아주 질박해서 울타리를 치지 않고도 생활한다. 설사 짐승들 발길을 막기 위해 울타리를 친다 해도 바자울이 고작이다. 산에서 꺾어 온 나뭇가지 삭정이를 엮어 둘러막는 일로 만족한다. 문은 만들지 않아도 그만이고, 그렇지만 그나마 만들어야 바자울 친 목적에 부합한다는 생각이면, 사립짝 만들어 여닫게 하는 정도면 그것으로 십상이다. 어느 집에서는 사립짝을 지극히 형식적으로 만들고는 그 위로 호박넝쿨을 올리며 키우고 있다. 한번도 여닫지 않았는지도 모른다.

그런 집엔 명월도 쉬어 가고 청풍도 넘나든다. 그만하면 세상의 탐심을 떨친 마음들이 모여 살 만하다. 서발 막대 휘둘러도 하나도 거칠 것이 없다.

"나물 먹고 물 마시고 팔을 베고 누워도 흡족한 것은 대장부 살림살이가 구애받지 않고 호연지기 속에 일탈되어 있음인즉, 부귀공명 탐내다가 오라 지고 남 보기 부끄러워 얼굴 가리고 쥐구멍 찾는 일보다야 처신 잘하는 사람들의 월등한 공덕이 예 아니라 하오리까. 그런 일로 텔레비전에 한번 나와 보소. 처자식 보기 면구할 뿐더러 일가친척들 만나기가 얼마나 민망하리요.

위/ 열어 젖힌 후 닫은 적이 없는 사립문짝에
호박넝쿨이 무성하다.
아래/ 경주 교동 마을의 사립문

산기슭에 넌지시 올라앉은 한옥의 터전

그리 말고 고향에 돌아가 떳떳하게 사는 일이 올바르지 않으시리잇고."

"제일가는 갑부도 죽을 때 보니 빈손 들고 저승 갑디다. 억만 금이 있으니 무얼 하겠소. 자식들 싸움질이나 시키는 노릇이지. 상장 짚고 상청 앞에 둘러서서 제가 많이 갖겠다고 아귀다툼하는 통에 오랜만에 만나는 친구들이 문상 와서 애고지고 애통해 하는데도 그놈의 싸우는 소리로 해서 잘 들리지 않을 지경이로세. 무엇 하러 살아 생전 돈 아껴 발발 떨다가 이 지경에 이르렀노. 아깝도다, 불쌍토다. 우리처럼 바자울의 오두막집 짓고 청풍명월과 벗하며 살았더라면 그런 낭패는 없었을 터인데."

고향집은 산기슭에 조금 높이 올라앉아 있는 편이 좋다. 전에는 비행기 타고 앉아 내려다보는 맛이 한결같아 산기슭 차지한 양상이 엇비슷하였다. 아주 평지가 없는 것도 아니고 마음만 먹으면 그런대로 넓은 터를 차지할 수 있으련만 한옥들은 그렇게 하지 않았다.

지금의 집과 공공시설과 공장들은 어디고 가릴 것 없이 차지하고 들어선다. 염치도 없고 체면도 없이 남의 집을 여지없이 가리고 막아선다. 고층 아파트는 한술 더 뜬다. 산을 통째로 가리며 막아서서 모양을 자랑하기도 하고 아주 산 위에 올라앉아 주변을 압도하기도 한다.

한옥은 성품이 안존하여 그렇게 되바라지지 못해 산기슭에 궁둥이를 들이밀며 넌지시 올라앉는 것이 고작이다. 거기에 앉아 있으면, 얕은 평지라면 발뒤꿈치 들고 목을 빼고 응시해도 보이지 않을 멋진 경치가 눈 아래 전개된다. 그만큼 높으면 한결 보기가 좋다. 확 트인 전망도 좋다. 호연지기를 함양하는 인격형성에 다시없을 좋은 환경을 이루고 있다.

발 아래 시원한 냇물이 흐르면 안성맞춤이다. 그런 터전을 '배산임수 背山臨水' 하였다 하며 '명당의 한 조건이 충족되었다'고도 말한다. 산기슭에 궁둥이를 넌지시 얹고 앉은 집에 그런 조건을 구비한 예가 많다. 그런 집에는 산천정기가 흐르고 있다고 말한다. 그런 고향집에서 태어난 사람들을 '산천정기를 타고 태어났다'고 한다. 유능한 한국인들이 요람에서 얻어낸 천연의 기운이다. 그런 천연의 기운이 때로 인위적인 가식假飾에 의해 저지되거나 무시되는 수도 있으며, 더러 산천정기가 우쭐거리는 인간의 성정에 밀려 좌절되는 수도 있다.

하늘을 무시하고 높이 솟은 고층 집단주거에서 땅을 의식하지 못하고 사는 사람들에게서는 산천정기의 징후가 발견되지 않는다고 한다. 그런 곳에서 나라를 호령하고, 다중 앞에 나서 일을 치러 낼 그런 유능한 인재가 배출될 리 없다고도 한다.

"그건 아직 말하기 어려운 일입니다. 고층 아파트 세운 지가 이제 얼마나 되었다고……. 벌써 결과가 나타날 시기도 아니고 하니 좀더 기다려 봐야 하겠죠."

모든 생물이 땅에 뿌리를 박고 자라듯이 인간도 그래야 참다울 수 있다는 선대 현인들의 말씀이 맞다고 공감하는 마음들이 점차 커지고 있다는 이야기가 돌고는 있다. 공해에 찌든 사람일수록 그런 공감이 절실하다고 실토한다는 소식도 들린다.

20세기 산업사회에서는 서구 지향적인 생리의 추종자들이 앞장을 섰다. 건축 분야에도 그런 경향의 인물이 있어 그쪽 문화를 추종하다 보니 이른바 현대건축이라는 양옥에 휘둘려 오늘처럼 강역 전체가 고층 아파트로 뒤덮이는 지경이 되었다. 수명이 얼마나 되는지는 몰라도 그 아파트가 폐기되는 시기가 되면 철거해야 할 터인데 그 폐기된 공해물질들을 어디에 쓸어다 버려야 하는지가 의문이다.

공해로 해서 지구가 병들고 있다는 우려가 매우 높다. 그렇다면 대책이 없을 수 없다. 21세기 건축계는 서구 지향에서 벗어나 자기 터전의 고유한 성향에 순응하는 적절한 유형의 집을 찾아내야 한다. 그래야 공해 없는 집을 이 강역에 조영할 수 있게 된다. 이제 공해 발생이 억제되는 이상적인 집을 탐구하지 않을 수 없게 된 것이다. 그 일의 시작은, 우리의 경우 한옥에서부터 비롯된다고 문제를 제기할 수 있다. 방안을 제시하는 것이다. 그런 방안이 채택되면 우리 고향의 집들은 오랜 세월 그 자리에 있었다는 가치로 해서 크게 각광을 받게 되리라 기대된다.

수많은 세월 겪어야 하였을 하고많은 사연들을 충족시키거나 순화하고 수용하면서 성장해 온 무공해의 한옥이 축적한 경험이 천만금의 가치를 발휘할 것이기 때문이다. 그런 측면에서 보면 명월이 만공산한데 청풍이 건듯 불며 스쳐 가는 자연에 순응한 집이 우리가 탐색하는 무공해 살림집의 이상형일 수도 있다. 그렇다고 19세기의 집을 다시 지을 필요는 없다. 19, 20세기에는 그 시절에 적합한 한옥이어야 하였던 것처럼 21세기에는 21세기다운 한옥이어야 한다. 15세기부터 20세기에 이르기까지 고향에 남아 있는 살림집의 흐름에서 우리는 미래로 나아갈

줄기를 찾을 수 있으므로 21세기의 지향점은 알맞게 설정할 수 있다.

   한옥의 고향이 좋은 것은 그만큼 풍부한 내용을 충실하게 지녔다는 점에 있다. 수천 년의 연륜과 경험이 무진장하게 저축되어 있는 것이다. 그런 곳이 바로 우리의 고향인 것이다.

바로 앞에 물을 바라보고 앉은 봉화 닭실 권씨 댁의 석천정

문은 나가자고 만든다

대문을 만드는 사람의 마음이 어떤 것이냐고 물었더니 무슨 소린가 싶어 눈치만 본다. 서구식 개념에 몰입된 사고방식으로는 한옥의 마음이나 생각을 읽기 어렵다.

어느 젊은 학자가 말을 하였다. 골목으로 들어가 꺾이면서 짧은 고샅을 지나 막다른 골목에 이르는데 이런 구조는 당초부터 의도된 지혜의 소산이라 하였다. 얼른 들으면 상당히 그럴듯하게 들린다. 그 멋진 언어에 휘둘렸기 때문이다. 그래 물어 보았다. 막다른 골목 안의 입향시조入鄕始祖의 집이 처음부터 그런 골목을 의도하여 진입하도록 계획하였다는 말이 틀리지 않았느냐 하였더니 경천동지할 만큼 놀란다. 입향시조가 이 고장에 왔을 때는 아직 마을이 형성되지 않은 그런 상태였다. 처음 들어와 마을을 이룩하였다고 해서 입향시조로 존숭尊崇된다면 그가 처음 집을 지었을 때는 유아독존의 지경인데 무슨 골목이 생길 수 있었겠느냐고 하였더니 고개를 외로 꼬면서 눈만 끔뻑인다.

장난삼아 그에게 물었다.

"경주 불국사엔 가 봤을 터이니 청운교, 백운교가 있음은 익히 알고 있을 터인즉, 위에 있는 층층다리가 백운교냐 아니면 청운교냐?"

구례 운조루 누마루에서 내다본 대문채

갑작스러워서인지 어리둥절해 한다.

절을 짓는 선지식들은 인간 위주로 절을 짓는다고는 생각하지 않는다. 불국사는 대웅전 일곽에서부터 석가여래 이상향인 사바세계의 청정한 즐거움을 속세로 널리 퍼져 나가게 해서 만인 대중을 제도하겠다는 서원誓願에서 출발하고 있다. 그래서 여래의 법이 자하문을 열고 청운교, 백운교 딛고 속세로 내려와 중생을 제도하여 사바세계를 이룬다는 설정을 하였다. 이는 종교의 관점이다. 인간이 층층다리로 올라간다는 개념과는 다르다.

집에서의 대문도 들어가자고 만든 것이 아니다. 나가자고 만든 것이다. 문빗장이 안쪽에 설치되어 있는 까닭이 된다. 들어가는 기능이 위주였다면 여닫는 시설이 밖에 있어야 한다.

국보 제23호인 청운교, 백운교는 여래의 법이 자하문 열고 속세로 내려와 중생을 제도한다는 설정이다.

　　집은 사는 주인을 위주로 짓는 시설이다. 살기 위해 짓는 것이 집이다. 들여다보자고 짓는 경우는 없다. 입향시조의 집 대문도 마찬가지이다. 나가자고 만든 것에 속한다면 골목이 길고 짧고의 해석도 달리해야 된다. 순서가 달라져야 하기 때문이다. 그것보다도 그런 해석을 시도하기 전에 입향시조의 집 앞에는 아직 골목이 형성되었을 단계가 아니었다는 점을 분명히 해야 한다. 아직 혼자 살고 있는 처지인데 골목을 이룰 집이 앞에 있을 리 없다는 점을 밝히면 사고의 방향이 달라질 수밖에 없게 된다.

　　그래서일 수도 있지만 배산임수한 산기슭의 집은 들어가면서는 집 안이 들여다보이지 않는다. 집의 전모를 다 파악하기가 어렵다. 대문과 대문간채가 눈에 뜨일 뿐이다. 반대로 안채 마

강릉 선교장의 솟을대문. 한옥의 대문은 제일 낮은 자리에 있어 대문 앞에서는 집 안이 잘 보이지 않는다.

루에 올라서면 앞이 환히 내다보이는 법이다. 이 시야는 집안과 집을 다스리는 데 아주 요긴하다. 사랑채 사랑방에서는 대문 밖 동정을 충분히 감지할 수 있지만 대문에서 사랑채의 기미를 알아채기는 매우 어렵다.

그런 예는 창덕궁 후원의 연경당演慶堂에서도 경험할 수 있다. 사랑채인 연경당 사랑방 윗목 머름대에 기대 앉아 슬며시 내다보면 중문을 거쳐 대문이 빤히 보인다. 문 밖에서 야료 부리는 녀석이 있다면 당장 물고를 내라고 호통 칠 수 있는 기미를 포착할 수 있다.

경상남도 함양의 정여창鄭汝昌 선생 댁 사랑방에서도 지켜보면 대문 밖의 동정을 주인이 알

연경당 안채 대청에서 내다본 대문간채

아차릴 수 있게 구조하였다. 사랑채와 대문간의 간격이 꽤 멀고 더구나 서로의 위치가 일직선상에 나란히 포치된 것이 아니라 사랑채는 대문에서 보면 거의 45도 각 정도의 위치에 있다. 사시斜視에 가까운 구성이다. 그래서 문 밖에서는 미닫이를 열고 내다보는 주인장의 모습을 발견하기 어렵다. 이런 구도는 삶을 영위함에서 겪는 많은 경험이 토대가 된 기휘忌諱의 방편인데 자기 방어를 위한 수단으로 강구될 수도 있다.

열고 나가는 문의 성정은 들어오는 사람을 제어하는 장치에 관심을 두게 한다. 대문이나 중문에 '내외벽'을 만드는 일도 그런 장치의 하나가 된다.

정읍 김동수 가옥 사랑채에서 내다본 대문간채

내외벽의 수줍음

옛날에는 벽으로 가로막았다. 그 벽에 서서 헛기침을 하면서
"이리 오너라!"
하고 큰소리로 부른다. 마당을 지나 안방에까지 들릴 큰 목소리로 부른다.
심부름하는 아이가 얼른 쫓아와서 누구시냐고 여쭙는다. 누구라고 신분을 밝히면 아이가 쪼르르 달려가서 안방마님에게 알린다. 신분이 확인되고
"들어오시지요."
허락이 떨어지면 막힌 벽 옆으로 열린 공간을 통하여 안마당에 들어서고 마루 끝에 나와 반갑게 맞는 주인과 수인사를 한다.
아이가 신분을 확인하고 내외벽으로 달려가는 동안 얼른 매무새를 가다듬는다. 흐트러진 꼴을 보이지 않으려는 태도이다. 그런 자세와 기품이라면 아무리 불학 무식한 남정네라도 성폭행하려고 달려들 엄두는 내지 못한다.
자동차 운전에 예방운전이 있듯이 처신에서도 자기방어가 고려된다면 그것이 예의가 되어 상대를 조심스럽게 행동하도록 만들고 만다. 그 방어의 수단을 어려서부터 몸에 익히게 하기

논산 윤증 선생 고택 안대문의 내외벽

위/ 대문의 구조가 ㄱ자로 꺾이면서 내외벽의 역할을 한다. 경주 양동 마을
아래/ 하회 마을 양진당과 안채 사이의 내외벽

위해 '효孝·제悌·충忠·신信·예禮·의義·염廉·치恥'를 교육하였고 심지어는 이들 여덟 문자를 아름답게 그림으로 형상시켜 문자도文字圖를 만들어 낮은 머릿병풍을 제작하고 아이 가진 임산부가 아침저녁 보면서 태교할 수 있게 하였다. 현대 젊은 임산부들이 태교할 방도를 몰라 우왕좌왕하는 경우가 있다면 우리 선조들의 경험과 지혜를 본받아 이런 문자도를 다시 우리 생활에 받아들여 재활용하는 수도 있을 것이다.

　이제부터 태어나는 아이들은 절대로 예의 모르고 염치없는 인간이 되지 않을 것이며, 성경 위에 손을 얹고 중인환시衆人環視에 거짓말로 위증해서 자식들 교육에 누를 끼치는 짓은 하지

대전 동춘당 사랑채와 안채 사이의 내외담과 굴뚝

주문진 시골집의 토담으로 된 내외벽

않을 것이다. 어미가 거짓말이 난당인데 자식이 그것을 배워 거짓말을 한들 무어라고 나무랄 수 없는 입장이 되어 버린다. 그런 집이 잘되기 어려울 것은 자명한 일이다. 지금은 오늘의 세태를 빙자하지만 그들은 후일 반드시 후회할 일에 봉착하고 만다. 세상의 이치가 그런 것이고, 그런 흐름이 이 세상을 오늘로 이어지게 한 바탕이 되었다.

중문의 내외벽말고 대문과 중문 사이의 공간에 샛담을 쌓아 내외벽을 본격적으로 구조한 예도 있다. 사랑채에 모여 앉은 각양각색의 인물들이 일제히 내다보는 중에 대문을 들어서서 중문까지 가기는 현대의 여인들이라도 거북스럽다. 그 거북스러운 심정을 경험한 사람이 다른 사람들을 위해 담장을 쌓아 가릴 수 있게 하였다. 이것도 내외벽이 된다. 그 중에 강원도에서 본 토담으로 쌓은 내외벽은 걸작이었다.

이들 내외벽의 구조에는 뚜렷한 목적의식이 있다. 그 목적을 달성하기 위해 쌓은 담장이 이왕이면 아름다웠으면 싶다. 이럴 때 작용하는 심리를 우리는 조형의식이라 부른다. 이로부터 담장에 치장하는 '꽃담' 이 자태를 자랑하게 된다.

대문 밖의 고샅

지금은 누가 남몰래 문 열고 들어와 해를 끼칠까 봐 대문에 감시카메라를 설치하고 도난 방지 시설도 큰돈 들여 마련한다. 잘사는 집에서 하는 일이다. 아직도 중산층 이하의 생활 여건이면 그런 시설이 어려운 실정이다.

옛날에도 위험 방지는 중요한 과제였다. 왜구가 하는 분탕질로 막대한 피해를 당하였던 시절도 있었고, 총칼로 무장한 왜인들이 식민지 치하에서 횡행하기도 하였다. 더러 화적패가 난입하기도 하고, 각설이들이 떼거지로 몰려다니며 행패를 부리기도 하였다. 동학군이 지나가고 한국전쟁의 소용돌이도 맛보았다.

바깥 담장 밖 고샅에 박석을 깐다. 좁고 긴 골목에 박석을 깔면 다니는 사람들의 기척을 느낄 수 있다. '박석'은 구들장 같은 얇은 널빤지 돌을 말한다. '박석고개'라 하면 고갯길을 박석으로 포장한 것이다. 결국 박석을 깐다는 것은 도로포장을 의미한다.

여럿이 박석 깐 도로 위를 걸으면 그 발자국 소리가 들린다. 숨죽이며 걸으면 백토 깐 마당에서는 발소리를 죽일 수 있으나 들쭉날쭉한 박석에서의 발걸음은 보조가 일정치 못해 아무래도 소리 내지 않을 수 없다. 더구나 신발에 쇠로 징이라도 박았다면 그 발소리는 대단히 크게

멀리 퍼진다. 방안에서도 침입자의 신분을 파악하게 된다. 말발굽 소리는 더 요란하다. 달려드는 급박한 말발굽 소리는 비상사태임을 온 가족에게 동시에 알린다. 당연히 대비태세를 취한다.

견마 잡힌 말을 탄 손님의 말발굽 소리는 한가한 법이다.

달구지 바퀴가 박석을 딛고 구르는 소리는 이제 추수한 곡식이 집 안에 들어온다는 신나는 신호가 된다. 달구지의 삐거덕거리는 소리로 아이들은 들뜬다. 곡식 가마 따라 들어올 마름이 마련한 먹거리가 군침을 삼키게 한다. 그 중에서도 엿가락은 엿치기하는 재미로 해서 아이들

함양의 정여창 선생 댁으로 들어가는 고샅길에 박석이 깔려 있다.

에게 인기가 좋다. 떡가래처럼 가늘고 긴 흰색 엿의 중등을 딱 부러뜨리며 바람을 '훅' 하고 불면 구멍이 송송 난다. 누구 구멍이 더 크냐를 비교하고, 구멍 큰 사람이 이기는 놀이이다.

박석 깐 고샅의 막다른 자리에 대문이 있다. 현대인들이 자랑삼아 타고 들어가는 자동차의 운행에는 여러 가지로 거치적거리는 것이 많아 짜증이 나기도 한다. 그러나 그런 고샅을 조성하던 시기엔 지금 같은 멋진 중형차가 고샅에 들어오리라고는 예측하지 못하였다. 그런 것 다 아는 멀쩡한 소견이 애초에 길이 잘못되었다고 투덜거린다면 그 사람은 고향에 돌아올 자격을 이미 상실하였다고 해도 좋을 것이다. "어떻게 생각하십니까?"

그 상실은 물리적인 측면이라기보다는 정신적인 결격사유에 해당한다. 정상적인 상식을 지닌 문화인이라 보기 어렵기 때문이다. 현대의 문화인들은 문화재에 많은 관심을 가지고 있다. 그런 문화재의 기반이 살림집에 있다. 고향의 그 집이 바로 문화재인 것이다. 그런데도 남의 문화재는 끔찍이 여기면서도 막상 자기 집은 무시한다면 말이 되지 않는다. 그런데도 우리는 가끔 그런 사람들과 만난다. 이런 집 부수고 어서 양옥을 지었으면 하는 희망을 지닌 이도 있다. 이런 한옥으로는 시집오는 여인도 없다고 한탄이다. 세태가 그렇다는 것이다.

자기 집을 업신여기고 남의 집만 제일이라고 하는 통에 고향의 마을 집들이 많이 헐려 나가고 국적도 알 수 없는 양옥들이 들어선 경우도 적지 않다. 새마을 운동이 그런 풍조를 만들어 내었다. '초가집도 없애고 마을길도 넓히세'의 지향은 좋았는데 초가집 없앤 뒤에 어떤 집이 들어서야 이상적이냐의 과제는 무시한 채 부수는 일부터 강행하였다. 그 결과는 허무한 자기 상실과 외세의 영합이 되고 말았다.

이제 21세기를 당하여 어떻게 할 것이냐가 탐구의 대상이 되면 순화되지 않은 외래적인 요소가 상존하는 양옥보다는 우리 풍토에 걸맞고 우리 정서에 어울리는 한옥이 떠오르게 된다. 그 시절이 되면 한옥에 살고 있다는 점만으로도 동경의 대상이 될 수 있고 스스로의 자랑스러운 긍지의 기반이 된다.

세태의 인심은 늘 바뀌는 법이다. 한옥에 대한 관심이 이젠 매우 커졌다. 21세기는 20세기와 다르리라는 예측이 가능할 정도이다.

옆면 위/ 고샅이 꺾이는 곳에 대문이 있고 그 옆에 측간을 만들어 찾아오는 이의 편의를 도모했다. 하회 마을 북촌 댁
옆면 아래/ 성주 한계 마을의 성주 이씨 종택 고샅과 대문간채

대문의 문패

고샅을 지나 솟을대문에 당도한다. 그 문에 크게 써 붙인 문패가 있다. 때로 정려문旌閭門이 서기도 한다. 자랑스러운 집안의 내력이 그 문패에서 돋보인다.

이 댁은 '충신이 배출된 집안이오' 하거나, 이 집의 아드님은 '하늘이 알아주는 효자였소' 하기도 하고 또는 '이 댁 부인은 열녀烈女로, 늙으신 시부모와 자식들을 부양하며 어렵게 살면서 크게 기풍을 진작시켰소' 하는 내용이 그런 문패에 담겨 있다. 나라에 헌신하였다고 보훈처에서 보상하는 충신이 지금도 있고, 어린이가 가장이 되어 생활을 꾸려 나가면 '어린 가장'이라 하면서 이웃에서 도와 주는 일들이 그 시절에도 있었던 것이다. 나라에서 관심을 두고 주변 사람들의 순화를 돕는 모범적인 인물로 표창하면서 그 내용을 문패에 표시하게 하여 누구나 알 수 있도록 드러나게 하였다.

구시대의 케케묵은 일들을 지금 새삼스럽게 왜 끌어내느냐고 고개를 흔드는 사람도 있지만 막상 자기가 나라 다스리는 위치에 가서 궁리해 보면 오히려 예스러운 것에서 배우고 본따야 될 것이 적지 않다는 사실을 알게 된다. 어떤 형태로든지 모범이 되는 사람을 표창하여 장려해야 백성들의 마음이 순화된다는 점을 깨닫게 되면 앞장선 사람들에게 훈장이라도 주어 장려해

연산 광산 김씨 종택의 문패

위/ 예산 화순옹주 묘막 대문의 정려문
아래/ 함양 정여창 고택 대문에 걸린 홍살문

야 하는데, 그 훈장은 받았을 때뿐이지 패용할 기회가 없으면 사장되고 마는 수도 없지 않다. 이는 받은 이의 회의이기도 하고 주변의 모범이 되리라는 기대에도 미치지 못한다.

그렇다면 저런 문패는 두 가지 효과를 다 거둘 수 있는 방도를 지녔다고 할 수 있다. 그 점의 깨달음이 중요하다. 어제가 오늘에 이어질 요건이 제시되었기 때문이다. '어제가 오늘에 이어지고 든든한 오늘이 밝은 내일의 바탕이 된다' 는 진리를 이 문패를 통하여 우리는 다시 한 번 되새겨 보게 된다.

고향이 그래서 필요한 것이다. 그 고향에는 우리가 오늘에 필요로 하는 모든 지혜가 숨쉬고 있기 때문이다. 그런 고향의 바탕이 한옥이고 인심이다.

"나는 고향을 잃었어요."

낙심천만해서 주저앉은 귀국동포를 위로한다. 이민 가기 전에는 분명히 자기 집이 거기 있었다. 오랜만에 귀국해 보니 전혀 예측하지 못하였던 고층 아파트가 들어서 있고 아는 사람이라고는 마을 어귀 육손이네 작은엄마 한 사람뿐이다. 고집이 세어 조상이 물려준 땅 떠날 수 없다고 우격다짐하였더니 그 집만 남기고는 마을 전체를 들어내어서 어디가 내 집이었는지 이젠 흔적조차 남지 않았다고 통곡이다. 이민 가서 어려울 때면 고향산천을 그리면서 기운을 내었고, 주소 적을 때마다 자랑스럽게 고향집 주소를 당당하게 기록하곤 하였었는데 그런 일들이 다 무위가 되었다고 슬피 운다.

고향을 잃어버리지 않은 사람은 고향이 없다는 일이 얼마나 허망한지를 모른다. 살맛이 없을 정도이다. 한옥이 이나마 고향을 잃는다면 어떻게 될까 궁금해진다.

대문의 문빗장

대문 열고 나서려면 문빗장을 벗겨야 한다. 문빗장은 두 문짝이 닫혔을 때만 눈에 보인다. 문을 열고 들어온다면 열린 문짝 뒤로 숨어 있어서 문빗장 모양이 어떤지 볼 수 없게 되고 만다. 들어가 보기만 한 사람은 문빗장이 어떻게 생겼는지 모르는 수도 있다. 문을 열고 나서는 주인에게 문빗장은 익숙한 존재이다. 늘 스스로 열기 때문이다.

빗장에는 둔테가 있다. 좌우로 하나씩 부착되었다. 둔테 중앙에 만든 구멍에 빗장을 지르는데 열고 닫으면서 빠지지 말라고 빗장에 매듭을 달아 주는 방식을 쓴다. 못 하나 박지 않고 만드는 기술이 발휘된 빗장인데 사용해 보지 않은 사람이라면 생각해 내기 어려운 부분이 있다.

빗장은 오른편 둔테에만 걸려 있어야 한다. 왼쪽 둔테에는 빗장 끝이 드나들면서 걸리거나 빠지게 되어 있다. 걸리면 잠그는 것이고 빼면 여는 노릇이 된다.

빗장의 매듭은 빗장 깎으면서 남긴 혹 같은 턱인데 이것은 오른편 둔테에만 만들어진다. 빗장을 빼어도 둔테에서 빠지지 말아야 하고 닫아도 빗장이 너무 들어가든가 해서 빠지지 말아야 한다. 그러니 빗장 끝에 매듭이 있어야 효과가 있다. 빗장을 빼거나 지를 때 이 부분을 쥐고 작동하므로 그 매듭이 각이 져 날카로우면 손을 다치거나 할 위험이 있다. 그래서 다듬어 여덟

모로 접는다거나 하면서 부드럽게 한다. 문짝, 창이나 문을 짜는 소목장小木匠의 고운 마음씨가 그렇게 만드는데, 재주 있고 솜씨 좋은 소목장은 때로 평범하지 않게 멋진 형상의 둔테를 만들어 내기도 한다.

백안 사진가는 여러 집에서 재주껏 만든 거북이 모양의 둔테를 찍었다. 최신의 자료가 해남 덕음산德陰山 아래 고산孤山 윤선도尹善道 선생 고택인 녹우당의 대문 거북이 둔테이다. 둔테를 거북이 형상으로 하였을 뿐 기능에서는 다른 문빗장 구조와 다를 바가 없다. 그러나 잠금장치 하나가 숨어 있다.

빗장을 질러도 문 밖에서 날카로운 쇠끝을 디밀어 빗장을 찍어 오른편으로 밀면 조금씩 열리다가 아주 덜커덕 빠지는 수가 있다. 그런 사태도 대비하여야 한다. 그래서 빗장 앞부리에 凹형 홈을 판다. 둔테에서 크기를 알맞게 한 촉을 꽂으면 고정이 되고 잠금장치가 된다. 거북이

해남 녹우당 대문의 거북이 둔테. 아쉽게도 한쪽만 남아 있다.

둔테에서는 그 잠금의 촉을 거북이 대가리에 만들었다. 대가리를 들면 위로 빠져 나온다. 빗장 지르고 대가리를 놓으면 제자리로 내려가면서 대가리에 달린 쐐기가 凹형 홈에 들어가 끼인다. 그렇게 쐐기를 지르면 빗장은 꼼짝달싹 못 하게 된다. 처음 보는 사람은 빗장이 열리지 않아 당황하지만 그 숨겨진 것만 알면 문제는 간단히 해결된다.

지금 가진 방법으로 도둑 방지의 문빗장을 대문에 만들지만 진짜 전문가에게는 별로 어려울 것 없이 시설한 보람 없이 털리고 마는 수도 있다고 한다. 그렇다면 뜻밖에 아주 옛날 식으로 만들어 설치해 보면 어떨지 모르겠다. 현대인의 감각에 역행시켜 보는 일도 한 지혜가 될 수 있을 것이기 때문이다. 하기에 따라서는 아주 기발한 현대적인 잠금쇠가 탄생할 가능성도 있다. 옛것에서 오늘에 소용되는 것을 만들어 낸다는 방도이다. 그만하면 특허도 낼 수 있을 것이다.

무쇠 자물쇠 중에 다이얼처럼 둥근 것을 만들고 거기에 한문으로 시를 써서 은입사銀入絲하고 싯귀詩句가 가지런해져야 비로소 열리는 것이 있다. 지금처럼 한문 모르는 사람들이 많다는 약점을 노리면 그 자물쇠는 최첨단의 것이 될 수도 있을 것이다. 그런 성과가 이런 문빗장에만 국한되는 것이 아닐 것이다. 집 안에서 전원을 공급하여 개폐를 작동시킬 수 있게 하고 그것이 든든하고 아름다워 쇠장석으로서 손색이 없고 기능면에서 탁월하다면 성공작이라고 할 수 있는데 이것말고도 응용할 것들은 얼마든지 있다.

그러나 그것은 체험해야 창출創出하게 되는 것이지 들여다보고 눈썰미로 넘겨짚는다고 해서 완성되는 것이 아님을 명심해야 한다.

옆면 위/ 정읍 김동수 가옥 대문에 걸린 잘생긴 거북이 빗장
옆면 가운데/ 대가리가 유난하게 생긴 거북이 빗장
옆면 아래/ 불국사의 거북이 빗장

지탈천조

'격식이 물건을 만들어 낸다'는 말도 있다. 격식에 어긋나지 않게 하려니 규격에 맞는 물건을 만들 수밖에 없었다는 의미이다. 규격은 법도에 순응된 것이란 뜻이므로 집도 여느 공술품 工術品이나 마찬가지로 격식에 걸맞게 지어야 하였다.

공술의 발달은 하늘에 매였다고 옛날 사람들은 생각하였다. 이능화李能和 선생은 그의 명저 『한국불교통사韓國佛敎通史』에서 '공술의 발달은 지탈천조至奪天造에 있다'고 하고 당신의 견해로는 그 일이 백제로부터 시작되었다고 본다고 밝혔다. 그 말을 '의기연원疑其淵源 출어백제出於百濟'라고 표현하였다. '지탈천조'는 '하늘이 만든 것과 같은 솜씨를 본받은 것'이라는 의미인데 도리道理가 천연스러워야지 지나치게 분식되거나 가식加飾되면 격조에 어긋난다는 견해를 피력한 것이다.

집도 물론 마찬가지이다. 중국 양자강 유역의 지붕을 보면 지나치게 인위적으로 곡선을 부여하여 마치 '하늘을 향하여 삿대질' 하는 듯한 형상을 하고 있다. 이는 천연스러움에서 벗어난 일이다. 더러 그 처마의 선을 허공에 넓게 그리는 철학적인 '태허太虛의 선'으로 해석하려 하지만 막상 휘어져 올라간 부분의 끝을 보면 딱 꼬부라져 있다. 더 올라갈 의사가 없음을 표시하

옆면 위/ 여백과 곡선의 아름다움이 빼어난 부석사의 무량수전과 안양루
옆면 아래/ 중국 상해의 옥불사. 하늘을 향해 삿대질하듯 처마의 곡선이 인위적이다.

였다. '이것으로 끝'이라 말하는 의도가 분명하다. 문장을 끝내고 점을 찍은 폭이다. 여백이나 여운의 아름다움을 중국 미술에서는 거의 보기 어렵다. 그들은 '충만의 아름다움'으로 만족하고 있다. 우리의 성정性情과 다른 점이다.

  우리는 더러 '한국 문화는 중국을 본뜨려 하였다'고 주장하는 소리를 듣는다. '한국 건축은 중국 건축을 닮았다'고도 말하려 하는 이를 만난다. 그러나 저런 지붕의 선이 우리에겐 없다. 본받았다면 그런 지붕이 우리 건축에 있어야 한다. 아니라면 그것을 모방한 적이 없음을 증명하는 것이다.

  어떤 이는 '중국 건축의 공포 양식을 본받았다'고 주장하기도 한다. 그것은 필요한 부분만 선별하였다는 의미가 되는데 그렇다면 문화이입의 행위가 어떻게 이루어지는 것이냐의 문제가 먼저 논의되어야 한다. 도편수가 실제로 보지 않은 이상 말만 듣거나 어설픈 도면만 갖고 그에 닮게 만들어 내기는 쉽지 않다. 익숙하지 않은 채로 집을 짓는다는 것은 대단한 무리이다. 실상이 그렇다.

  많은 부재가 조직되는 것이 목조건축이다. 아주 유기적인 조직이어야지 어디선가 차질이 생

왼쪽/ 충만의 미를 자랑하는 중국의 자금성 전경. 완벽한 좌우 대칭을 이루고 있다.
오른쪽/ 비대칭으로 자연스럽게 배치된 창덕궁 전경

기면 집은 완성되기 어렵다. 공포만 도입해서 기존 건물에 삽입시키는 일은 절대로 쉽지 않다. 건축은 다른 분야와 달리 얼른 남의 것 본받기는 쉽지 않은 난제에 속한다. 책상 위에서 상상만 하는 사람들 식견으로는 간단히 '한 부분만 도입하면 되지 뭐 그리 어렵겠느냐' 하지만 그것이 기왕의 것들과 아귀가 맞지 않는 한 조합된다는 일은 난사 중의 난사가 된다.

한 문화의 이입에 대한 얘기는 매우 신중해야 된다. '영향받았다'는 학설은 그래서 신빙성이 부족하다. '영향받았다'는 설의 출처는 일본 학자들의 견해였다. 일본 문화 전반이 삼국시대 이래 조선에 이르기까지 영향권 속에 존재하였음을 시인하면서 '우리도 그렇지만 당신네도 결국 중국 문화를 본받은 것이지 뭐 별것인 줄 아느냐' 하는 주장에 동조한 데서 유행된 이른바 식민지사관이 그 진원지이다. 광복된 지 반세기가 넘었는데도 그런 견해를 떨치지 못하고 있다는 것은 자기 수련 부족에서 유래된 것이라고 할 수 있으므로 하루 빨리 벗어나야 자기발전을 꾀할 수 있게 된다.

왼쪽/ 일본의 목조건물도 처마와 용마루의 선이 직선으로 이루어져 있다.
오른쪽/ 근정전의 유연한 처마 곡선

눈을 감으면

불란서에서 한옥 지을 때 문제가 야기되었다. 한지 바르는 창문에 유리를 끼워야 한다는 주장이 대두된 것이다. 불란서 측 건축가의 단호한 주문이다. 설왕설래가 있었다. 유리창을 꼭 끼워야 한다는 주장이 매우 서구적인 발상으로 이해되었던 것이다.

"잘 때 눈을 감고 자는 것은 휴식을 위한 것이지요?"

"……."

"유리를 끼우라는 것은 잘 때 눈을 뜨고 자라는 것과 다를 것이 없지 않은지요."

"……."

"꼭 내다보며 살아야 할 일이 없다면 보지 않고 사는 것도 인간에겐 중요한 것입니다. 보지 않은 채 소리만으로 님이 찾아온 줄 알 수 있는 경지가 된다면 그 또한 인격함양에 좋은 것 아닐까요?"

"……."

"창호지 바르는 것이 합당하지요. 한옥답기도 하고요. 지금 한국에선 서양식 커튼을 걷어 내고 다시 한지 바른 미닫이 달자는 운동이 한참입니다. 어떠십니까?"

옆면 위 왼쪽/ 한옥의 창호지 바른 문
옆면 위 오른쪽/ 창호지 바른 문으로 새어 들어오는 빛이 은은한 정감을 불러일으킨다.
옆면 아래/ 하회 마을 심원정사 누마루의 창살

"커튼 걷자는 운동은 좋은 발상입니다."

불이 났을 때 보면 한옥은 목재가 타다 말면 고만이지만 양옥에서는 그 화학물질이 내뿜는 독성으로 해서 질식해 죽는 경우가 많다고 한다. 기능 위주로 설치된 인화물질과 독성물질을 집에서 몰아내고 천연스러운 무공해 건축자재를 만들어 쓰자는 운동이 세계적으로 확산될 시점에 있지 않느냐고 하였더니 그 점은 맞는다는 공감이다.

"기가 쇠잔해지는 것은 산천정기를 받지 못한다는 점에도 있지만 한편으로는 지독한 화학물질 속에서 방부제가 가득 든 음식을 먹고 있다는 데서 유발되는 사태일 수도 있는 것 아닌가 하는 생각도 듭니다."

여류화가의 얘기다.

나무가 있고 흙이 있는 집에서 맛있는 쌀밥에 잡곡 넣어 밧진하게 지어 놓고 간이 든 젓갈에 김치를 어울러 먹으면 정말 살 것 같더라는 체험담을 들려 준다.

"그래, 꼭 유리창을 끼워야겠다는 말씀이신가요?"

"그것과는 다릅니다. 오해하지 마십시오."

건축법에서 보이는 창의 수에 따라 집의 규격을 가늠하도록 되어 있는데 창호지를 바르면 창인지 벽인지 구분되지 않을 수도 있으니 창에는 유리를 끼우라는 것이 그 주장이란 설명이다. 그래서 할 수 없이 창호지 바른 미닫이 밖으로 유리창을 한 겹 더 만들어 달고 말았다. 같은 한옥이라도 고향을 떠난 한옥은 그렇게 변질될 수 있음을 시사하는 사건의 일단이었다고 할 수 있다.

덧창과 미닫이 이중으로 만들어진 창호지 바른 문

노둣돌과 마구간

인간적이냐 비인간적이냐가 한 민족의 문화양상을 좌우할 수 있다고 한다. 도요토미 히데요시豊臣秀吉가 아직 마부이던 시절에 상사의 신발짝을 가슴에 품어 따뜻하게 해서 발 시리지 않게 해 주었다는 소설의 이야기가 있다. 지극히 인간적이다. 되바라진 성격의 장군이 말을 타면서 부하보고 엎디라 하고 등을 딛고 올라서서 말을 탔다가 그 수모를 견디지 못한 수하장수의 반심에 꺾여 낭패를 보았다는 역사 얘기도 있다.

우리 역사 인물에도 그런 사람이 있었는지는 알 수 없으나 후대에 이르러 보면 말 타고 내릴 때 딛을 수 있도록 발판을 만든 것이 있어 비인간적으로 남의 등을 딛지 않고도 말을 탈 수 있게 하였다.

창덕궁 후원의 연경당 댓돌 아래에도 그에 소용되던 돌을 다듬어 만든 발판이 있는데 이를 '노둣돌'이라 부른다. 수원 화성 동장대에서도 노둣돌을 볼 수 있다. 연경당은 왕자와 그와 상종하는 인물들이 업을 닦던 수련의 도량이었다. 백성 중에서 잘사는 사대부집을 참작하여 같은 유형을 만들고 그 분위기를 익히도록 하였다. 그런 연경당에 말 타고 내릴 때 발 딛는 발판을 만든 것은 외부 인사를 위한 것이 아니라 왕자나 임금님을 위한 시설이었다. 외부에서 들

연경당 석계 앞에 있는 노둣돌

어오는 귀현자제들이라 해도 감히 말 탄 채로 왕궁 후원에 출입하기는 어려웠을 것이기 때문이다.

그렇다면 그 노둣돌은 왕실용이라 해야 하는데 말을 타고 연경당의 중문으로 해서 안마당에 이르기는 어렵게 되었다. 여기 노둣돌은 거기서 말을 타고 농수정 아래의 뒷문으로 빠져 나가 후원에서 말 타기나 말 타는 수련을 하였을 때 이용하던 것으로 보인다. 연경당의 마구간은 그런 말을 거두던 장소였다고 보이는데 원래 공식적인 말은 따로 설비된 마구간에 있었고 임금님 말을 먹이는 곳은 어구御廐라 하여 별도로 시설하였다.

말 타는 일은 중요한 수련이었다. 정조 임금만 해도 말 타는 솜씨가 능숙하여 수원으로 능행할 때 비공식적 행보이면 군복 입고 말을 달려 한나절에 당도하곤 하였다. 전쟁시에 임금은 스스로 말을 달리며 지휘해야 하므로 말 타는 수련은 절대적이었다. 그 수련을 아무도 모르게 후

수원 화성 동장대 석계 밑에도 노둣돌이 보인다.

연경당 뒤편에는 말을 타고 출입하던 큰 문이 있다.

원에서 할 수 있었다. 더구나 기마민족의 후예이다. 그들에게 말은 필수적인 것이었다.

  인류가 운반 수단을 개발한 것이 뭍에서는 말을 타는 것이고 바다에서는 배 타는 일이었다. 우리 조상들은 말도 탔고 배도 부렸다. 기마민족의 칭호는 말 타고 근방을 돌아다녔던 데서 얻어진 것이 아니라면 남의 눈에 뜨이도록 원행하면서 얻어진 것이라고 할 수 있고, 배를 부리던 이들은 원근해로 종횡무진 다니면서 경제적인 활동하면서 동남아 쪽에다 담로(擔魯, 백제의 지방 행정구역 명칭)라는 거점을 만들었을 것이다. 어느 때인지 우리는 배에서 내리고 말에서 낙마하여 오늘의 이 의기소침한 지경에 함몰되어 버렸지만 당시의 활약상은 대단하였다고 할 수 있다. 그 결과 많은 문물이 왕래하였다. 우리 것이 가기도 하고 그 방면의 물화가 들어오기도

위구르인들이 사는 투루판에서도 구들 들인 방을 볼 수 있다.

하였다. 우리 고분에서 출토된 부장품 중에 멀리 떨어진 나라의 생산품이 섞이어 있음에서도 그런 물화의 유통을 알 수 있다.

고구려 사람들의 원행은 서방 먼 나라에까지 구들을 비롯한 문물을 보급시킨 흔적에서도 그 자취를 찾을 수 있다. 백안 사진가가 투루판에서 찍은 살림집의 구들 들인 예도 그런 자취의 한 가닥이라고 할 수 있는데 그런 구들은 멀리 카자흐스탄 지역에까지 파급되어 갔다고 한다. 우연이긴 하지만 투루판과 우루무치 그 지역의 살림집 창에서 우리와 똑같은 띠살무늬 창살도 보았다. 이는 우리 살림집과 그 고향에 내재되었을 문화양상 중에 외국과 연계된 것이 적지 않게 함축되어 있을 가능성을 일깨워 주는 단서라고 할 수 있다. 이 사실은 우리 주변의 것들이 마치 우리만 가지고 있는 고유한 것처럼 말하려는 이들에게 그것이 매우 위험한 착상임을 알려 주는 신호일 수 있다. 우리 문화는 이웃 나라나 먼 나라의 문화와 많은 유대와 공통성을 지니고 있다.

한옥과 한옥의 고향 바탕에도 그런 흐름이 도도하다는 의미가 된다.

중대문의 좌우 대칭

연경당의 중행랑채에는 연경당으로 들어가는 중문 장양문과 안채로 들어가는 중문 수인문이 따로 만들어져 있다. 현존하는 살림집에서는 보기 드문 일이지만 여러 계층의 집들이 있던 시절에는 살림집에도 중행랑채에 중문이 둘 설치된 집이 있었을 것이다.

바깥 행랑채의 솟을대문처럼 안 행랑채의 연경당으로 들어가는 중문(장양문)도 솟을대문으로 만들었다. 이에 비하여 안채로 들어가는 중문(수인문)은 평대문의 모양이다. 솟을대문은 좌우 행랑의 지붕보다 중문의 지붕이 솟아올라 있는 것이고, 평대문은 행랑과 같은 지붕 아래로 구성된 문의 구조이다.

대문(장락문) 들어서면 가깝게 안 행랑채가 있다. 대문 중심선에 서서 바라다보면 두 중문이 한눈에 들어오는데 중심선으로부터의 간격이 서로 다르다. 좌우의 거리조차 대칭시키지 않은 것이다. 간격도 다르고 문의 모양도 서로 다르다. 처음부터 대칭시킬 의향이 전혀 없었던 것이다. 이것이 우리 조형사상의 한 특성이다. 대칭을 풀어 비대칭을 하면서도 결과적으로 좌우가 균제均齊되는 고급 법식을 활용한다. 그런 조형성을 명쾌하게 보여 주는 예가 저 유명한 불국사이다.

옆면 위 왼쪽/ 평대문인 수인문 쪽에서 바라본 장양문의 솟을대문
옆면 위 오른쪽/ 연경당 안 행랑채의 솟을대문과 평대문. 솟을대문은 사랑채 출입문이고 평대문은 안채로 들어가는 문이다.
옆면 아래/ 연경당 대문과 안대문은 대각선상에 놓여 있다.

　木壽는 이미 조선일보에 연재하였던 『우리 문화 이웃 문화』와 『석불사·불국사(申榮勳의 역사紀行 ②)』에서 불국사의 비대칭의 대칭의 과제를 시험하였으므로 다시 중복할 일이 없으나 이런 방도가 우리 예술품이나 조형물에서 쉽게 발견된다는 사실은 지적하고 싶다.

　서양이나 중국의 문물들은 다분히 좌우 대칭의 구도를 발휘하였다. 그것은 대규모 도성을 건설하는 일로부터 적용되고 있으며 건축물의 경우는 작은 살림집에 이르기까지도 지속적이다. 연경당의 경우는 좌우 중문으로 들어설 층계조차도 서로 다르게 만들었다. 편의를 도모한 것이다. 사랑채로 들어가는 중문 앞 돌층계는 한 단 두 단 딛고 올라가는 디딤돌을 설치하였는데 안채로 들어가는 층계는 경사지게 만든 답도踏道형 시설이다. 이는 여인들이 가마나 사인교를 타고 드나들기 쉽도록 한 것이다.

　우리 살림집의 배설排設에서는 거의 대칭의 예를 보기 힘들다. 一자형도 말할 것 없이 좌우

하회 마을 양진당 지붕은 한쪽이 팔작지붕이고 반대편은 맞배지붕으로 이루어져 있어 비대칭 속에 균형을 이루었다.

가 다르다. 보통 부엌, 안방, 대청, 건넌방의 순서라면 중심선에서 보아 대칭되기 어렵다. 그런 반면에 한족漢族의 살림집은 중심부에 부엌이 있고 좌와 우로 같은 크기의 방을 만든다. 좌우 대칭이 역력하다.

압록강 유역을 다니다 보면 한 마을에 한족漢族의 집도 있고 한족韓族이 사는 집도 있다. 이들은 멀리서 보아도 일견하여 구분할 수 있다. 좌우가 대칭된 집과 부엌이 한쪽으로 치우치게 자리잡은 집의 모양이 확연히 다르기 때문이다. 한쪽으로 무게가 기운 집이 한족韓族들의 살림집이다. 그리고 한편으로 듬직한 굴뚝이 우뚝하게 섰다.

한족漢族의 집은 보통 홑집이다. 부엌 다음의 방이 단칸인 경우가 많은 데 비하여 한족韓族의 집은 방이 두 줄 겹쳐진 '겹집'이 보편적이다. 이는 함경도식에 가까운데 이 지역으로 이민 온 세대가 고향의 집을 고스란히 들고 온 데서 시작된 평면 유형이다. 한족漢族의 집에도 구들 들인 방이 생겼다는 점도 주목할 점이다. 다른 지역에 사는 한족들의 집에는 구들 들인 온돌방도 없고 마루 깐 대청도 없는 법인데, 이 일대의 집에서는 구들을 들이고 난방하고 있다.

이 점이 우리의 관심거리이다. 우리가 한족의 문화를 본받은 것이 아니라 한족이 우리 주거문화의 특색인 온돌을 채용하고 있는 것이다. 이는 한 예에 불과한 것이지만 우리 건축이나 문화가 중국, 한족을 닮았다는 주장과는 정반대의 현상이다. 우리 집은 자기 특색을 유지하고 있는데 한족의 집은 온돌을 채택하는 절충식을 보이고 있다.

모든 문물은 주고받는 법이라는 이치가 작용한 것이다.

백토 깐 안마당과 간접조명

손님이 모이는 잔칫날이 다가오면 뒷산 기슭 구덩이에서 판 하이얀 백토를 져다 골고루 펴서 맑게 깐다. 안마당이 말쑥해진다. 찾아오는 이를 환영하는 의미도 되지만 또 다른 목적도 있다.

인도에서는 손님이 와 앉을 자리에 쇠똥을 바른다. 귀한 손님을 맞이할 차비이다. 쇠똥을 바르면 소독이 되며 벌레가 얼씬거리지 않는다고 한다. 그러나 그 일에서는 한옥과 같은 다른 목적이 발견되지 않는다. 단순할 뿐이다.

또 다른 목적의 하나가 조명에 있다. 대체로 처마가 깊은 집에는 직사광선이 집 안에 들어서지 않는다. 깊은 처마가 차양이 되어 볕을 가리기 때문이다. 우리나라에서 측정해 보면 하지夏至날 12시의 태양의 높이는 약 70도 정도이다. 이를 '태양의 남중고도南中高度'라 부른다. 그렇게 높이 뜨니 처마가 이룬 차양에 걸린다. 처마 밑으로는 그늘이 진다.

'그늘이 진다'에서 두 가지 상황이 벌어진다. 하나는 직사광선의 차단이고 또 하나는 태양열의 이용이다. 태양의 볕을 가리면 직사광선이 집 안으로 들어가지 못한다. 그렇다면 몹시 어두워 대낮이지만 전기를 켜야 할 정도가 아닌지 싶지만 막상 방안에 들어가 앉아 보면 명랑하고

옆면 위/ 연경당의 백토 깐 마당. 백토는 볕을 반사시켜 실내로 조명을 투사한다.
옆면 아래/ 마당에서 반사된 빛이 창호를 통해 방안을 양명하게 밝혀 준다.

밝아 작은 글자까지 다 읽을 수 있고 천장의 세세한 부분에 이르러서도 다 눈에 뜨인다. 이는 백토 깐 마당에 떨어진 볕이 반사를 하면서 실내로 조명을 투사해 주고 있기 때문이다.

우리 얼굴의 생김새는 이 간접조명에 적응하도록 순화되어 있다. 만일 서양식 얼굴이 이런 조명에 노출되면 마치 납량특집에 등장하는 인물처럼 기괴한 얼굴이 되기 쉽다. 서양식 얼굴은 직사광선에 순화된 유형이기 때문이다. 반대로 우리 얼굴은 직사광선 아래 나서면 윤곽이 뚜렷하지 못하다. 직사광선식 조명을 받고 무대에 올라가면서 1970년대 여성국극단 소속의 여인들이 코 좌우로 시커멓게 칠하였던 것은 낮아 보이는 코를 우뚝해 보이도록 하기 위한 눈물겨운 고육책이었다.

직사광선을 가린다는 것은 처마 아래로 그늘이 진다는 의미이다. 그늘이 지면 시원하다. 뙤약볕이 내리쬐는 마당은 발 딛기 어려울 정도로 뜨겁지만 그늘 속은 시원하여 땀을 들일 수 있을 정도이다. 시원한 그늘 아래 대청에는 시원해진 공기가 있다. 뙤약볕에 달구어진 마당의 공기는 뜨겁다. 차고 더운 공기로 해서 대류현상이 일어난다. 바람기가 산들거린다. 그러니 부채질이라도 하면 대청은 마당에 비할 수 없을 정도로 시원하고 쾌적하다. 무더운 삼복더위에 정자나무 그늘 밑이 시원한 것이나 다를 바 없는 조건이 형성되었다.

동짓날 12시의 태양의 각도는 대략 35도 정도이다. 낮게 뜨므로 직사광선이 처마에 구애되지 않고 집 안으로 깊숙하게 들어간다. 그러나 광선의 각도가 낮으므로 반사광선의 여건과 크게 다르지 않다. 또 볕이 집 안에 드니 따뜻해진다. 그 볕만으로도 두툼한 토담집에서는 견딜 수 있을 정도로 방안이 훈훈하다.

더운 공기는 신선한 차가운 공기의 유입으로 공중으로 뜨고 밖으로 밀려난다. 그러나 앞으로 숙은 처마로 해서 상층으로 올라간 더운 공기가 쉽게 배출되지 않는다. 그것이 찬 공기의 일방적인 유입을 어느 정도 막아 준다. 그래서 그만큼 보온이 된다. 이를 '태양열의 이용'이라 한다면 훌륭한 성과를 거둔다고 할 수 있다. 처마의 효능인데 양옥에서는 이 처마를 가차없이 잘라 내고 말았다. 그 통에 여름의 뙤약볕이 염치없이 실내로 유입되어 땀을 쏟아 내고 있어서 빚을 내어서라도 냉방기를 설치하지 않고는 배겨나기 어렵게 만든다. 그 냉방장치는 계속 운전

된다. 동력원이 있어야 하는데 거기 사용되는 석화연료는 우리에게서는 한 방울도 생산되지 않는다.

처마의 효능을 무시한 양옥 덕분에 엄청난 석화연료를 소모하게 생겼다면 그 절약 방안이 강구되어야 한다. 제일 좋은 방법은 처마를 되살려내는 데 있다. 양옥의 오만을 떨쳐 내고 아름다운 처마를 재생하면 기능 면에서도 좋고 강역의 면모를 미려하게 조성하는 결과도 되며 경제적인 이득도 얻는다. 그야말로 일석삼조의 효과를 얻는다.

결과적으로 한옥이 고향산하를 공해에서 건져내는 한 방도이기도 하며, 순응하고 발전하게 한 고향의 공덕에 보답하는 한옥의 고마움과 그 진심의 표상이기도 하다.

왼쪽/ 한여름의 뜨거운 볕은 처마에 가려 방으로 들어가지 못하고 대청 끝에 걸린다.
오른쪽/ 겨울 볕은 대청 끝까지 깊숙이 들어와 집 안을 따뜻하게 비춰 준다.

휘어 내린 문지방

시골집 대문 문지방에 곧은 나무로 수평이 되게 설치하는 대신에 아래로 휘어져 내린 곡선이 있는 굽은 목재를 사용하기도 한다. 드나드는 사람들 발길에 채이지 않게 하려는 의도이다. 생각하는 다정한 마음이 발로된 시설인데 넘어 다니다 보면 고마울 때가 한두 번이 아니다. 이는 직선과 직선의 조직에 곡선을 넣어 변화를 주었다는 효과도 있고 천연스러운 곡선에서 느끼는 감각이 발로되기도 하는데 그 효과는 아름다움의 표현으로 승화된다.

곡선이 살짝 들어가면서 아름다움을 연출한 예는 얼마든지 있다. 해인사 장경판고海印寺藏經板庫로 들어서는 수다라장修多羅藏의 문얼굴에 곡선을 준 벽선을 설치하였다. 이 단순한 작업이 드나드는 사람들의 마음을 편안하게 해 준다. 알맞게 내리비추는 볕의 그림자가 드리워지면서 드러나는 신비한 분위기도 경탄하는 마음을 불러일으킨다.

"이런 결과를 미리 예측하였겠지. 선지식의 주문이었을 수도 있고 도편수의 발랄한 재치일 수도 있었을 터이지만 문얼굴의 벽선과 앞쪽 일각문의 지붕이 연합하고 연출하는 그림자의 영상은 놀라운 것이지. 미리 예측하고 그래서 자신 있게 그런 구조를 하였을 것으로 보여요. 그렇지 않고는 저런 형상이 완성되기 어려웠을 거야."

옆면 위/ 곡성 태안사 부도전 입구 일주문에 멋진 곡선의 멋을 도입했다.
옆면 아래 왼쪽/ 안동 하회 마을에 있는 옥연정사의 대문채 문지방
옆면 아래 오른쪽/ 문얼굴에 곡선을 도입한 해인사 장경판고 수다라장과 앞문이 연출하는 연꽃 무늬 그림자

그런 발상이 어떻게 배양되었는지가 궁금하다. 일종의 조형의식이라면 그런 조형의식은 어디서부터 유래되는지가 의문인 것이다.

불국사 대웅전으로 올라가는 댓돌 정면에 설비된 돌층계에는 삼각형의 판석의 소맷돌이 좌우로 설치되어 있다.

"자아, 다들 이리 와 보시죠. 실제로 보지 않고 말만 듣고는 실감하기 어렵답니다. 보다시피 금을 그어 장식한 앞 부리 쪽을 살짝 궁굴려 곡선으로 하였어요. 선 안에 다시 선을 평행시키면 실금이라 부릅니다. 기본 선을 강조하기 위한 받침의 선인데 마찬가지로 앞 부리 쪽을 곡선으로 새겼단 말입니다. 두 선이 평행하였다면 끝의 곡선도 같은 모습이어야 할 터인데 보다시피 곡선 모습이 달라졌어요. 기계적이 아니라 서로 개성을 지녔음을 표상한 변화입니다."

직선만으로 선을 살려 전(윤곽)을 둘렀다면 당연히 삼각형의 뾰죽한 부분이 여기 나타나 있었을 것이다. 그렇다면 다른 예에서 보듯이 날카로운 맛이 짙다. 그렇긴 하지만 전세계 대부분의 소맷돌 장식이 그런 것이니까 그러려니 하는 생각에서 당연하다는 듯이 그렇게 하였을 것이나 신라인들은 그렇게 하지 않았다. 살짝 궁굴렸고, 그래서 다시없는 곡선이 생겨났다.

"천하에 없는 예가 탄생한 것이지요."

그렇게까지는 아니더라도 확실히 보기 어려운 장식의 소맷돌이 불국사에서 탄생한 것이다.

불국사 대웅전 계단 소맷돌에 기막힌 곡선이 들어 있다.

불국사 소맷돌이 다 이런 의도로 장식되었느냐 하면 그렇지도 않다. 대웅전과 극락전에서만 볼 수 있는데 그나마 중요한 위치의 소맷돌에만 한정하였다.

"도대체 이런 표현이 어떻게 가능하였던 것일까요? 그 점이 궁금하단 말씀이지요."

그렇다. 그런 발상이 어떻게 발현되었는지가 궁금한 것이다. 그러나 우리 손에는 그 점을 규명할 아무런 자료도 쥐어져 있지 않다. 아직은 망연하게 바라다보고 있을 뿐이다. 지유指諭의 생각이었을까, 석업행수 石業行首 아니면 금당의 댓돌 구조를 맡은 도편수의 궁리였을까, 어쩌면 선지식의 주문이었을지도 모르지, 하며 짚어 가 보기도 하지만 알 수 없고 궁금하긴 매일반이다. 어디에서 다른 예가 등장하면 혹시 무슨 실마리가 있으려나 싶어 눈 씻어 가며 살펴보고 있지만 아직 다른 예도 보지 못하고 있다.

"영원한 숙제일지도 모르지."

단서가 있다면 직선의 문지방을 궁굴려 곡선을 도입하려 하였다는 사실 정도가 고작이다. 불국사에 갈 때마다 어김없이 찾아보며 숨겨진 신라인들의 의도를 타진해 보지만 아직도 정성이 부족해서인지 그 실마리를 찾지 못하고 있다.

"그만큼 말씀드렸으니 木壽는 물러서고 눈밝고 총명한 분들이 좀 찾아 주이소."

시골집 대문에서는 문지방을 여닫을 수 있게 만들기도 한다. 문지방 넘어 손수레가 드나들

중국 곡부 공자 묘의 석계 소맷돌은 예리한 삼각형으로 되어 있다.

긴 어렵다. 들어가고 나올 때면 문지방을 열었다가 통과한 뒤, 다시 제자리에 보내어 언제 그랬 더냐 싶게 설치한다.

외다리에 바퀴를 단 초헌軺軒이 대문의 문지방을 통과하여야 한다. 높은 문지방 넘기가 간단하지 않다. 앞뒤 돌층계에는 나무판자로 보판을 만들어 수레바퀴가 올라가게 되므로 연장해서 문지방까지 넘게 하면 간단하나, 문지방 높이까지 보판을 설치하면 경사도가 급해 사람이 타고 앉은 상태로 밀거나 내려가게 하긴 위험천만이다. 그래서 문지방에 홈을 파서 수레바퀴를 통과하게 해 준다. 시골집에서 문지방을 열어 주는 효과와 같다.

이런 지혜는 고구려시대 평양성 성문 문지방에서도 볼 수 있다. 드나드는 수레바퀴 통과를 위해 성문의 높은 문지방에 凹형의 홈을 파서 편의를 도모하였다. 이 홈의 넓이를 측정하면 고구려 수레의 바퀴 간격을 알 수 있을 뿐만 아니라 이미 고구려 수레가 규격화되어 있었음을 알려 주는 한 자료도 된다.

문지방을 여닫을 수 있게 만든 대문. 사람은 물론 우마차도 쉽게 드나들 수 있게 배려하였다.

낙선재 솟을대문 문지방에 홈을 파서 초헌의 외바퀴가 통과하게 하였다.

앉은뱅이 굴뚝

한옥에서 눈에 뜨이는 또 하나의 특징을 손꼽으라면 서슴지 않고 木壽는 '집에 굴뚝이 있다' 는 점을 짚는다. 이 점은 거의 공증된 견해이다. 이웃 나라에 비해 너무 특색이 뚜렷하기 때문이다. 알다시피 일본의 일반 집에는 굴뚝이 없다. 살림집도 마찬가지이다. 구들 들인 방이 없다는 점이 결정적이다. 더구나 일본에서는 안채 마루에 만들어진 화덕 '이로리圍爐裏' 에서 밥도 하고 국도 끓이고 물도 데운다. 장작을 때기는 하지만 화덕은 다른 시설과 연계되어 있지 않아서 연기를 배출할 굴뚝 만들기가 어렵다.

마루에 화덕을 만들고 불기를 사용하는 예를 제주도에서도 볼 수 있다. 지금도 중산간 부락의 옛날 시골집에는 돌을 다듬어 만든 화덕을 마루에 설치하고 사용하였던 흔적이 남아 있다. 제주도의 그 관습은 백제에서 전래되었을 가능성이 높다. 그 백제형이 일본에 파급되었고 그 흐름이 지금에 이르기까지 고수되고 있는 것으로 짐작된다.

제주도 살림집 정지간에 가면 맨바닥에 크고 작은 화덕들을 만들어 나란히 시설한 모습도 볼 수 있다. 크고 작은 솥이나 냄비가 크기에 따라 나란히 열을 이루고 있다. 같은 모습을 일본 살림집에서도 보게 된다. 서로 연계된 문화현상을 보이는 것이다.

중요민속자료 제155호인 곡성 군지촌 정사의 굴뚝. 죽담 밑에서 빠져 나온 연기가 집 안을 가득 채웠다.

일본 나라奈良에 구도신사久度神社가 있다. 백제에서 전래된 부뚜막과 솥을 신체로 모신 곳이다. 이는 백제 백성들이 다락집에 살면서 화덕에서 취사하고 있었음을 일깨워 주는 자료라고 할 수 있다.

경주의 안압지 발굴 때 화덕을 찾아내었다. 왕궁에서 사용하던 화덕으로 흙을 빚어 구워 만들었다. 『삼국유사』 헌강왕 시절의 한 사실을 기록한 역사책 내용 중에 서라벌 장안에 초가집이 단 한 채도 없고, 집이 그슬릴까 봐 나무 대신에 숯을 때어 밥 지어 먹는다는 사실이 묘사되어 있다. 신라나 백제에는 고구려와 같은 난방시설이 아직 없었고 그래서 화덕에서 취사하였다는 사실을 기록한 것이다. 이 관습이 그대로 일본에 건너갔고, 신사에 신체로 모셔졌으며 오늘에 이르기까지 유습遺習으로 전래되고 있다.

굴뚝은 북경의 정궁인 자금성紫禁城이나 여름 별궁인 이화원頤和園에서도 보기 어려울 정도이다. 그간 몇 번 거기를 다녀 보았는데도 아주 질박한 굴뚝 한 점을 겨우 찾아냈을 뿐 굴뚝다운 것을 보지 못하였다. 그에 비하면 우리는 국가에서 지정한 보물 제810호와 제811호가 경복궁 내전의 굴뚝이다. 전세계 어디에 내놓아도 뒤처지지 않는 명품이 우리에게 있다. 비록 지정은 되지 않았지만 창덕궁 대조전 뒤뜰이나 덕수궁에서도 멋진 굴뚝들을 볼 수 있다. 궁말고도 멋진 굴뚝은 더 있다. 백성들의 살림집에서도 그런 굴뚝을 볼 수 있는데 백안 사진가는 여러 지역에 다니며 갖가지 굴뚝을 촬영하였다. 그들 자료만으로도 얘기책이 엮어질 정도이다.

그 중에 앉은뱅이 굴뚝도 있다. 석양 때가 되었다. 저녁밥 짓는 연기가 앉은뱅이 굴뚝에서

옆면 위/ 일본 집에서는 마루에 이로리라는 화덕을 설치하고 불을 피운다.
옆면 아래/ 제주도에서 볼 수 있는 봉섭화로. 일본의 이로리와 유사하다.
위/ 중국 자금성에서 겨우 찾아낸 굴뚝

모락모락 피어 오르고 있다. 연기는 마당으로 퍼지는데 땅바닥을 살살 훑는 듯이 기어가며 말간 연무煙霧가 된다. 티없는 연무의 매캐한 냄새가 사진 찍는 렌즈에 감돌았다. 이런 풍경은 우리 고향 아니고는 좀처럼 보기 어렵다. 다른 나라에서 경험하기 어려운 정서가 그 굴뚝과 연기에 서렸다.

  굴뚝을 세우지 않고 죽담(흙에 막돌을 섞어 쌓은 담)인 댓돌이나 바깥 행랑채 담벼락에 구멍만 빠끔하게 내어 연기를 배출하도록 만든 것도 있다. 경상북도 어느 산골 마을에 갔더니 주인이나 객이 와서 마주앉기도 하는 사랑방 문 밖에 빠끔한 구멍을 내어 거기에서 연기가 피어 오르고 있었다.

  "연기로 해서 눈이 매웠을 터인데 왜 하필 손님도 와서 앉는 제일 번다한 그 자리에 굴뚝을

앉은뱅이 굴뚝에서 피어난 연기가 땅바닥을 훑는 듯이 기어가며 말간 연무가 된다.

만들었을까요?"

살아 보지 않고 아름다움을 추구한다는 안목에서 보면 당연히 그런 의문이 생긴다.

"연기가 피어 오르면 풀벌레도 모기도 덤비지 않는 법이여. 자세히 보라구. 연기가 닿는 부위에는 거미줄도 없지. 이만큼 말하면 알아듣겠는가?"

까닭이 따로 있었다. 살아 보지 않고는 터득하기 어려운 얘기이다.

보물 제411호로 지정된 양동 마을 무첨당의 사랑방 앞에 멋진 굴뚝이 섰다.

아궁이의 정서

묘한 모양이다. 설마 그렇게 보고 찍은 것은 아니겠지만 안동 하회 마을 양진당 아궁이의 불 때는 장면을 보면 그 아궁이 모양이 마치 성숙한 여성의 성기를 연상하게 한다.

아궁이를 시설한 벽체는 하얗다. 아궁이에 가득 지핀 장작의 불땀이 한참 극성을 이루고 있다. 발간 색이 가득하다. 소나무의 검은 그을음이 피어 오른다. 그 그을음이 아궁이 위로 벽을 핥으며 퍼진다. 그을음이 집중적으로 닿는 부분이 꺼먼 색을 입었다. 흰색 피부의 여인 사타구니에 붉은 색의 정열적인 성기가 있고 그 위로 검은색의 거웃이 무성한 그런 형상을 그려 낸 것처럼 보인다. 이는 만든 사람과 찍은 사람 관계없이 사진을 보며 느끼는 감상이다.

백안 사진가는 어디 가서 아궁이나 굴뚝을 만나면 꼭 불을 넣고 불과 연기를 함께 사진에 담는다. 그래야 생동감이 나며, 현상기록現狀記錄이 정확해진다는 지론이다. 木壽가 알기로도 그렇게 찍은 아궁이 사진이 상당히 여러 장이다. 1999년에 중국 여행에서 고구려의 옛 강역이었던 지역에 가서 그 지역에 동화되어 살고 있는 한족漢族 집에서 불을 지핀 뒤에 불타는 아궁이와 연기 나는 굴뚝을 찍기도 하였다. 아궁이와 굴뚝이 멀지 않은 자리에 함께 있어서 동시효과를 볼 수 있었다. 하지만 이는 이미 전통적인 한족漢族의 관습은 아니다.

옆면/ 추운 겨울 밤 아궁이에 군불을 때고 있다.

한옥의 고향 순례에서는 부엌에 가서 여주인에게 부뚜막 앞에 앉아 불을 때는 모습을 보여 달라고 주문한다. 지핀 불길이 비추는 조명 조건에서 여주인 얼굴은 매우 근엄하다. 어머니의 권위가 그 기품에 서렸다. 부엌은 어머니의 무대인 것이다.

천안 지방에서 본 부뚜막 앞 할머니의 자태는 일품이었다. 그 사진이 어느 여성지에 실렸을 때 좋은 반응을 얻었다. 사진기를 전혀 의식하지 않는 할머니의 의연한 모습이 아주 천연스러웠다. 할머니의 연륜이 나이 먹은 부엌의 분위기와 잘 어울려 더욱 근엄하였다. 그런 장면을 찍을 수 있는 작가라는 점에서 백안 사진가는 뭇사람의 칭송을 들었다.

소나무 땐 숯은 화로에 담다가 방안에 두면 한동안 불기를 지닌다. 매운 재를 덮으며 잘 조절하면 아이들이 얼음 지치고 돌아왔을 때, 따끈하게 데운 된장 뚝배기를 밥상 위에 올려 놓을 수 있게 해 준다. 어려서 그 화로에 군밤 구워 먹던 생각이 난다. 밤을 구울 때는 아래 두꺼운 부분에 칼금을 그어 주어야 하는데 그날은 칼을 찾지 못해 그냥 숯불에 묻었다. 들여다보며 하마 익으려나 기다리고 있는데 갑자기 '파~ 0' 하는 일향 포성에 천지가 진동하면서 밤은 천장으로 튀고 재는 사방으로 날아 수라장이 되고 말았다.

"야아, 다치지 않았으면 되었다. 저리 가거라. 온통 잿더미구나. 큰일날 뻔하였어. 들여다보고 있다가 밤이 얼굴이나 때렸으면 어떻게 할 뻔하였누. 앞으론 조심해."

홍명희 선생의 소설 『임꺽정林巨正』 중에 꺽정이가 기생집에서 청동화로를 우겨 버리는 힘자랑 얘기가 있다. 어려서 본 청동화로는 무겁고 단단한 것이었다. 그런 화로는 부잣집 사랑이나, 기생집에서나 볼 수 있었던 고급품이다. 유기로 만든 화로와 맞먹는다. 흙을 빚어 구워서 만든 질화로가 보통이었다. 유약을 입힌 유리화로도 있었고 무쇠로 만든 화로도 있어 매우 다양하였다.

백안 사진가는 미닫이 닫은 온돌방 창 앞에 놓인 무쇠화로를 사진에 담았다. 아무도 없고 빈 화로만이 거기 놓였다. 나간 사람이 돌아오길 기다리는 쓸쓸한 장면 같기도 하고 이제 막 이글거리는 불기 머금은 숯을 기다리고 있는 수줍은 마음의 화로 같기도 하다. 백안 사진가는 그런 마음씨까지를 사진에 담을 수 있어야 참다운 경지에 도달한 사진가일 수 있다고 해라시아문화

옆면 위/ 안동 하회 마을 양진당의 아궁이
옆면 아래/ 아궁이 앞에서 불을 때고 있는 할머니의 모습에는 권위와 품위가 서려 있다.

연구소 사진 강의에서 누누이 강조한다. 기록으로의 사진에서 마음을 담는 사진으로의 향상이 그 강의를 무르익게 만든다.

우리들의 사진 수련은 아직도 지지부진이지만 다른 사람들이 보기엔 괜찮다는 평판이다. 백안 사진가 따라다니며 그 분이 찍는 자리에서 찍다 보니 도가 통한 것이다. 사진의 기술적인 문제는 자동화된 사진기가 해내는 몫이니까 그에 맡기고, 우리는 적절한 위치에서 눈높이에 맞추어 알맞은 구도를 잡으며 촬영하면 된다. 그러나 쉽지만은 않다.

고적한 방안에 홀로 놓여 있는 무쇠화로

쪽구들

 압록강 유역과 고구려의 옛터였던 지역엔 구들을 채택한 온돌방이 있는 살림집이 적지 않다. 우리는 늘 그런 온돌방에 살고 있어서 방바닥 전체에 구들 놓는 것만 알고 익숙해 있지만 압록강 유역에서는 방의 한쪽에만 구들을 시설한 '쪽구들' 인 경우가 많다. 구들 들이지 않은 쪽은 맨바닥으로 그냥 남겨져 있다. 고구려계 구들의 전형이다. 투루판에서 본 구들도 이 계열의 것이었다.

 고구려 건물 터를 발굴하면 구들 시설하였던 자취가 나온다. 방으로 들어가는 문이 있고, 문에서 멀지 않은 자리에 아궁이가 있다. 그로부터 구들은 벽을 따라 설치되는데 남향한 집이면 동쪽 벽에서 시작하여 북쪽 벽으로 이어지고 서편 벽에 이르러 끝이 나면서 고래는 집 밖의 굴뚝으로 이어진다. 구들이 시설되지 않은 부분은 맨바닥이어서 신발 신고 드나들 수 있게 되었다.

 고구려인들의 이동수단은 말이었다. 활동적인 인물들은 말 타는 일이 일상생활이다. 김유신이 천관네 집 앞에서 말 목을 쳐 어머니와의 약속을 지켰다는 얘기에서 알아차릴 수 있듯이 화랑도 출입시엔 말 타는 것이 관습이었다. 지금 자가용 가진 이들이 요만큼만 갈 일이 있어도 차를 타는 버릇이나 마찬가지이다.

말을 타려면 신발의 목이 길어야 한다. 지금도 승마하는 사람들은 서구식의 긴 장화를 신고 멋을 부린다. 고구려의 말 타는 신발은 오늘의 반장화 정도로 목이 생겼다. 고구려인들의 생활 모습을 묘사한 고분벽화 중에 반장화의 모습이 보인다. 쌍영총의 경우는 바깥주인과 안주인이 나란히 좌탑에 앉았는데 반장화를 벗어 탑 아래 가지런히 정돈하였다. 내외가 다 말을 타는 복색을 하고 있음을 알겠다. 반장화는 벗고 신기가 지금 신발처럼 자유롭지 않다. 낮에는 신은 채로 방안에 드나들며 볼일 보고 밤에 잘 때는 벗고 올라가 휴식을 취한다. 쪽구들이 채택되어야 하는 까닭이다. 압록강 유역에 현존하는 쪽구들들은 대부분 고구려의 ㄱ자형 대신에 방 일부에 一자형으로 설치하는 방법을 택하고 있다.

한번은 중국에 현존하는 목조건물로는 가장 나이가 많다는 남선사南禪寺 법당을 보러 갔다.

쌍영총 벽화에 그려진 고구려인들의 생활 모습. 두 남녀가 나란히 벗어 놓은 반장화가 눈에 띈다.

절 구경을 하고 나오다 보니 낭떠러지 아래로 민가가 보인다. 구경하러 내려갔다. 황토의 벼랑이 거의 수직을 이루고 있다. 우리 진흙층 같으면 벌써 사태가 나서 무너졌으련만 여기 황토 벼랑은 끄떡없다. 그런 벼랑을 파고 들어갔다. 파고 들어가며 동굴을 만들고 그 속에다 사람 살 수 있게 시설하였다. 역시 대칭이어서 중앙에 통로가 있고 좌우에 방 한 칸씩을 만들었다. 그 방에 들어서다가 木壽는 자지러지고 말았다. 그 방에 쪽구들이 시설되어 있었던 것이다. 남선사는 오대산에서도 더 남쪽으로 내려간 위치에 있다. 산서성山西省이다.

"여기가 어딘데 고구려계의 온돌이 파급되었단 말이냐."

중국 땅의 중부 지역에 해당되는 고장이란 생각이 드니 그때만 해도 중국 문물에 접한 초기 시절이라 가슴에 진동이 왔다. 이런 황토 벼랑의 살림집들을 우리는 그후 여러 지역에서 많이 보았다. 그만큼 보편적인 유형이었다. 어림잡아 수십만 곳(채나 동棟이라고 하기는 어렵겠다)이 되지 않겠나 하는 짐작이 간다.

서안西安에 갔다가 당 고종과 측천무후(則天武后, 625~705)의 왕릉인 건릉乾陵에 갔었다. 그 주변에도 '도혈민거陶穴民居'들이 많았다. 지금까지는 벼랑을 파고 들어간 살림집을 보았는데 이번엔 둔덕 위 평지에서 만든 또 다른 형용을 보게 되었다. 평지에서 아래로 구덩이를 파고 내려갔다. 네모 반듯하게 가심한 거대한 구덩이이다. 사람 키 대여섯 길 넘게 파 내려가니 사방으로 인공의 벼랑이 생겼다. 그 벼랑에다 다시 동혈을 파고 집을 만들었다. 한쪽 벽으로 뚫은 구멍에 드나드는 문을 만들어 둔덕 아래 평지에 생긴 길로 통하게 하였다.

아직 우리는 충분히 보지 못하여서 다 말하기는 어렵다. 그렇지만 또 다른 유형이 있을 가능성은 배제하기 어려울 것 같다. 그 문제는 좀더 시간을 두고 살펴보기로 하고 구들을 찾아 다니던 때의 이야기로 되돌아간다.

발해의 유적지를 순방하던 때였다. 흑룡강성의 발해진渤海鎭에 갔었다. 발해시대 고분 발굴 현장이 있었다. 조선족의 중년 여인이 발굴 책임자라 한다. 그의 설명에 따르면 이웃에 발해의 마을 터가 있고 살림집 터전도 상당수 발견된다고 하였다. 그런 살림집에서는 당연히 구들 시설이 발견된다는 것이다. 몽골의 이동식 게르包에도 구들 시설한 것이 있다는 소식도 들었다.

구들이 상당히 광범위한 지역에 분포되어 있음을 알게 된 것이다.

초기 구들의 아궁이는 실내에 있다. 후대에 이르러 아궁이가 밖으로 나간다. 실내에서 불 지피며 생겨나는 약점을 보완하려는 방도였다는 추정이다. 고구려 상류 살림집에서는 전용 취사장이 있었다. 안악 제3호분 벽화에도 그런 전용 취사장이 묘사되어 있고 그 이웃에 우물이 있다. 조선시대 상류사회에서도 전용 취사장을 운영하였고 그것을 반빗간이라 불렀다.

아궁이에 부뚜막이 시설된다. 반빗간이 없는 백성들 집의 경우이다. 부뚜막의 등장은 다양

일본 나라 지방에 있는 구도신사는 부뚜막을 신체로 모시고 있다.

하게 불을 이용할 수 있게 하였고 화기를 집중시키는 방도를 강구하였다. 부뚜막은 조리하는 편의시설일 수도 있었다. 부뚜막은 백제나 신라 그리고 왜倭로 파급되었고 고구려나 백제 문물이 집약되던 일본의 나라奈良에 서울이 건설되면서 '굴뚝신사'도 들어서게 되었다.

인하대학 김광언 교수 귀띔으로 '굴뚝신사'를 찾아갔다가 구도신사久度神社와 만나게 되었고 친절한 유사有司의 배려로 부뚜막 그림과 발이 셋 달린 무쇠솥(지금은 다리 하나가 부러졌다)인 '노구메솥(노구솥)'을 보게 되었다.

신사의 유래를 알려 주는 기록에 백제 구수왕仇首王과 연관된 사적事跡이 있다고 하였다. 부뚜막을 남선사 아래 동굴집, 도혈민거, '야웃둥窯洞'에서도 보았고 일본 오사카와 먼바다의 오키

왼쪽/ 구도신사에 있는 부뚜막 그림
오른쪽/ 구도신사에 신체로 봉안된 백제계 노구메솥

나와_{琉球} 전통 살림집에서도 보았다. 물론 압록강, 두만강 유역과 내륙에서도 볼 수 있었다.

　부뚜막은 한족들이 센 불로 지지거나 볶는 요리를 하는 시설과는 근본적으로 다르다. 높이도 다르고 구조된 형태도 다르다. 구들 시설과 떨어져 독립된 것이라 해도 부뚜막은 독특한 개성을 지니고 있어 다른 구조와 구분된다. 그런 독립된 화덕을 우루무치 살림집에서도 보았던 기억이 있다.

　사용하다 보면 부뚜막이 더러워지기도 한다. 그것은 재미없다. 불결할 수도 있기 때문이다. 부지런한 주부는 얼른 말쑥하게 복구한다. 그 방법이 '맥질' 하는 법이다. 아주 간단하지만 효과 있는 성과를 얻는다.

맥질하시죠

이화여대 총장과 문교부장관을 역임한 김옥길金玉吉 선생이 조령새재 삼관문 아래 충청북도 쪽 골짜기인 고사리에 거점을 마련하고 머무실 집을 지었다. 시멘트로 지은 집이 영 마음에 들지 않았다.

"멋모르고 짓고 보니 주변과 너무 동떨어져 재미가 없어. 어떻게 한옥처럼 느낄 수 있게 할 수 없을까?"

당시 이화여대 도예과 과장 노릇을 하고 있던 조정현曺正鉉 교수 강권에 따라 고사리에 가서 처음 김 총장을 만나 뵙던 날 뜻밖의 주문을 받았다.

"내 손으로 초가집 한 채 지었어요. 저쪽에 보이는 별채인데 木壽 선생이 쓴 『한국의 살림집』을 책장이 떨어지도록 읽어 가며 초가집을 지었다고요. 짓고 나니 이 시멘트집이 더 보기 싫어져. 어떻게 그럴듯하게 고치는 재주가 없을까요?"

집을 뜯어고치기는 쉽지 않은 일이고 결국 그럴듯해 보이게 임시로 처리하는 수밖에 없을 것 같다.

"맥질이나 해 보실까요?"

'맥질' 한다는 말을 처음 들어 본다는 표정이다. 조 교수와 木壽를 번갈아 바라다보며 난감한 내색을 한다.

"백토로 물을 만들어 바른다는 말입니다."

"백토로 물을 만든다?"

"재미있는 방법입니다."

"어떻게 하는데?"

언덕에 가서 맑은 백토, 석비레(푸석돌이 많이 섞인 흙)를 파 온다. 맑은 진흙이어도 좋다. 큰 그릇에 담고 물을 붓고 장대로 휘휘 내저으면 물에 흙이 풀리면서 흙탕물이 된다. 그 물을 다른 그릇에 따라 담는다. 그렇게 몇 개의 그릇을 만든 뒤에 하루를 재운다.

이튿날 보면 맑은 물이 떠오르고 흙은 앙금이 되어 가라앉는다. 물을 따라 버리고 흙을 만져 보면 아주 고운 분말이 손가락에 묻는다. 그것이 재료이다.

맑은 백토로 맥질하여 깨끗하게 마무리한 초가집

"그런 거라면 조 교수가 전문이구먼. 도자기 만드는 도토陶土를 그렇게 '수비' 하는 것 아닌가베."
"우리 선생님께서 도자기 만드는 공부도 하셨거든요."
'수비' 정도는 당연히 알고 계시다는 투다.
"그렇게 앙금 앉힌 흙을 풀에다 개어 몽당붓이나, 억센 귀얄로 바르시면 시멘트 벽면이 가려지면서 토담집 같은 분위기를 자아낸답니다. 여러 겹 두껍게 바르시는 수도 있는데 그렇게 하시려면 차조로 풀을 쑤어 엷게 만들어 개어 쓰시면 만족스러울 것입니다."
"좁쌀 중에 차좁쌀이 좋단 말이지?"
실제로 맥질을 하였고 결과가 만족스러워 찾아가는 이마다 붙잡고 자랑이 한창이셨다는 후일담을 들었다.
"우리 선조님들 지혜에 그런 '맥질' 법도 있어요. 호사가들은 한번 시험해 볼 만하지요."
김 총장이 한옥 전도사가 되었다.

왼쪽 · 오른쪽/ 맥질하여 토담의 질감을 살린 벽

굴뚝

고구려나 발해 지역의 구들 있는 집에는 굴뚝이 필수적이다. 아궁이 반대편에 구들이 자리 잡는다.

중국 심양瀋陽에서 약 40킬로미터쯤 서북방으로 가면 고구려시대에 구축한 육각형의 전탑塼塔이 있는 석불사 터에 당도한다. 언덕 위로 높이 올라앉은 탑인데 이젠 거의 깨어져 밑둥만 남았다. 그 언덕이 보이는 곳에 마을이 있어 구경하다가 초가지붕의 용마름을 엮고 있는 할아버지를 만났다. 경상도 억양이 아직도 선명한 말로 대화를 나누었다. 안내해 주어 찾아 들어간 그 집에도 한 아름이나 되고 키가 훤칠한 굴뚝이 있었다.

"피나무 속을 태우면 가운데 고갱이가 쏙 빠져 버리지. 그냥 일으켜 세우면 한다한 굴뚝이 되는 것이여."

이만한 굴뚝을 오래 전이긴 하지만 태백시 신리 일대의 옛 법을 지닌 살림집에서 볼 수 있었다. 역시 통나무로 만들었다. 통나무가 없으면 굴뚝을 판자로 만들기도 하나 듬직한 맛이 부족하고 세월이 지나면 접착된 부분에 틈이 생겨 연기가 그리로 새어 나오기도 한다. 더러 흙과 돌과 기와 깨어진 것들을 섞어 쌓아 굴뚝을 만들기도 한다. 근래의 것이긴 하지만 제법 모양내서

옆면 위/ 선암사의 통나무 굴뚝
옆면 아래/ 신리 너와집에서 만난 판자 굴뚝

쌓은 굴뚝이 적지 않다. 백안 사진가가 경상남도 남해 금산 기슭에서 찍은 굴뚝은 우뚝하고 당당한 남근석을 닮았다.

옹기로 구워 만든 굴뚝도 다양한 형태를 보인다. 그런 굴뚝만 수집한 곳에 가 보니 그 종류가 수십 종에 이르겠다. 옹기 굴뚝을 한 마디로만 만들기도 하지만 여러 마디를 이어 높직하게 조성하기도 한다.

"이런 굴뚝 설치하였던 집엔 지금 어떤 굴뚝이 기능을 발휘하고 있을까?"

궁금한 일이다. 집 자체가 없어졌는지 모르겠다.

사방에 창을 뚫은 옹기 굴뚝

어떤 굴뚝엔 이엉으로 두툼하게 의복처럼 만들어 입혔다. 마치 솜 두루마기를 입고 있는 듯한 형상이다. 애교 있는 놈도 있고, 듬직한 녀석도 있으며 남근석처럼 다부지게 버티고 서기도 하며 수더분해서 어리석게 보이는 녀석도 있다. 자신 있게 쌓아 당당한 기품을 자랑하기도 하고 하다가 만 듯이 쇠잔해진 몰골인 것도 보인다.

경복궁 아미산의 교태전 굴뚝과 자경전 뒤뜰의 십장생무늬 굴뚝은 국가에서 보물로 지정해도 손색없을 장엄을 베푼 걸작품이다. 벽돌로 몸체를 이룩하였으나 그 바탕에 여러 가지 무늬를 놓아 기원하는 바를 표출하였다.

이엉으로 옷을 해 입힌 굴뚝

　육각을 평면으로 하는 예는 조선시대 궁실 건축에서는 보편적인 양상이다. 궁원宮苑에 경영되어 있는 목조의 정자들 중 다각형 평면의 것은 대부분 육각형이다. 초기의 다각형 건물의 불교용 건물 중에 팔각이 흔하던 것과 대조되는 현상이다. 육각도 그 시원이 고구려에 있다. 심양 석불사 터의 전탑이 육각이라는 점에서 그런 사실을 짐작할 수 있다. 한족漢族들의 문화권에서 육각의 평면 건축이 나타나는 것은 고구려보다 훨씬 후대에 속한다.

보물 제811호로 지정된 경복궁 아미산의 교태전 굴뚝

다각형 건축은 한족에 비하면 고구려가 월등히 앞선다. 그것은 지독한 추위로 지표가 동결한다는 점과 연관을 맺었기 때문이다. 겨울에 땅이 얼면 부풀어오른다. 그 어는 깊이를 두고 동결선이라 부른다. 기초가 든든하려면 동결선 이하부터 시설되어야 한다. 고구려는 그 지독한 추위로 인해 동결선이 깊었고 그 피해를 방지하기 위해 다각건물을 발전시켰다. 남방의 따뜻한 지역에서는 그런 다각의 필요성이 그만큼 절실하지 않았다.

연기의 집

"'연기의 집'인지 '연기 나는 집'인지 잘 알 수 없는 단어를 『조선의 고궁(申榮勳의 역사紀行 ①)』에서 '연가煙家' 라 하였던데 그것이 무엇인지요?"

조선시대 궁실 굴뚝 머리에는 흙으로 빚어 구워 검은색으로 만든 연가가 있다. 그 연가를 두고 묻는 말이다. 연가만 따로 떼어 보아도 재미가 있었나 보다. 아주 재미있게 생겼다고 말한다. 그런 연가를 현대 도예가인 이화여대 도예과 조정현 교수가 새롭게 만들어 안동 하회 마을 어귀에 새로 지은 심원정사尋源精舍 굴뚝에 올려 놓았다. 멋지다는 평판이 돌았고 주인 유홍우 선생과 실상화 보살은 기분이 매우 좋았다. 그래서 현대인들 사이에도 연가가 널리 알려지게 되었다.

아궁이에 지핀 불길과 연기가 부넘기(솥을 건 아궁이의 뒷벽)에서 바싹 고개를 치켜들고 구들 고래와 구들장을 핥으며 지나간다. 방이 더워지는 과정인데 그 불길과 연기는 고래를 빠져 나가면 개자리(방구들 윗목 밑으로 깊게 파 놓은 고랑)에 머물며 여열餘熱을 다 소모한다. 개자리 기능의 발견은 구들 시설의 기술을 한층 향상시켰다고 할 수 있다. 개자리에 머물면서 잡티를 다 떨친 연기가 맑은 냄새를 풍기며 연도 따라 굴뚝으로 가서, 굴뚝을 타고 올라가 연가를 통하

여 대기로 배출된다. 때로 회오리바람이 불던지, 기류의 변화로 바람이 굴뚝으로 주입되고, 굴뚝 개자리에서 약화된 기운이긴 해도 고래를 통과하여 아궁이로 역류하는 일이 벌어지기도 한다. 그런 일은 재미없다. 아궁이의 불이 낸다든지 하는 위험도 있다. 그런 사태를 방지하려는 목적에서 굴뚝 머리에 연가를 올려 놓는다. 역류를 방지하고 비나 눈이 오는 날 굴뚝을 타고 흘러 들지 못하도록 지붕을 만들어 주자는 목표에서 만들어 얹은 부속품이다.

    연가는 네모진 단칸單間에 단층집 모양을 한 아주 간결한 형상을 하였다. 약간의 높이로 댓돌처럼 기반을 만든다. 굴뚝에 설치할 때 접속하면서 필요한 부분이고, 만들 때에도 네모진 공간

안동 하회 마을 심원정사의 연가

위 왼쪽/ 창덕궁 대조전의 굴뚝과 연가
위 오른쪽/ 낙선재 굴뚝과 연가
아래/ 경복궁 자경전의 십장생무늬 굴뚝과 여러 개의 연가에 사방 벽을 형성하면서 밑부분이 허전하게 되는데 댓돌 모양으로 테를 두르게 되면 만들거나 말리거나 구울 때 갈라지거나 어그러지지 않도록 보강 조치한 효과도 얻는다. 사방으로 만든 벽은 수직으로 형성되고 별다른 장식이 없다. 다만 네 벽에 좌우로 긴 직사각형에 가까운 구멍을 맞창으로 뚫은 투창透窓을 내었다. 공기와 연기 유통을 원활하게 하려는 목적이다. 벽 위로 기와지붕 형상으로 기왓골이 드러나 보이는 모양을 만들어 역시 까만 색으로 구웠다. 멋지게 완성한 토도품土陶品이다.

연가는 격조 있는 집에나 시설되던 굴뚝 부속품이다. 이런 유형의 부속품으로 다른 형상이 있는지 잘 모르고 있다. 다른 시대에도 그와 같은 도제품이 있었던 자취를 아직 잘 모르고 있기 때문이다. 그러나 조선시대 중기 이후에 사례를 남겼다면 그 이전 시대에도 그런 기능의 것이 있었을 가능성을 배제하기는 어렵다.

북경에서 열하熱河로 가는 길, 만리장성을 통과하여 열하 쪽으로 가깝게 간 지역 일대에서 벽돌로 지은 신식 살림집들을 볼 수 있었는데 그런 집에서 좌우 벽 위로 얹은 연가처럼 생긴 굴뚝을 보았다. 본격적인 굴뚝 위에 그런 것이 올라앉은 것이 아니라 연가처럼 만든 네모진 것을 올려 놓았다. 그러나 그것의 생김새는 매우 소략疏略하여서 우리 연가와는 비교되지 않는다.

외양간

누이가 물동이 이고, 양손에 소 여물통 쥐고 나오다가 눈이 마주쳤다. 물동이라도 좀 받아 달라 한다. 우물로 물 길러 가기 전에 소에게 여물을 먼저 줄 참인가 보다. 집 앞에 따로 지은 외양간에 어미 소와 이젠 제법 자란 송아지가 있다. 송아지가 누이 몫이다. 유별나게 정성을 쏟는다.

그 송아지로 해서 누이는 꿈에 부풀어 있다. 누가 아직 낳지도 않은 달걀을 보고 '달걀 한 꾸러미가 되면 내다 팔고 그 돈으로 무엇을 사고, 다시 그것이 새끼를 쳐서 돈이 커지면 암탉을 사서 다시 알을 낳아 병아리를 까고 그 병아리 키워 큰 닭이 되면 모두 다 팔아 돼지새끼를 사서 잘 키우면 돈이 얼마 되고 그것을 팔아 송아지 사면…….' 한다더니 누이야말로 그런 꿈이 하루에도 몇 번씩 거듭되고 있나 보다. 말을 하지 않아도 얼굴 표정은 그렇다.

태백산 일대와 그 남방의 까치구멍집에서는 집 안 한편에 외양간을 만든다. 까치구멍집의 경우는 대부분 사랑방 쪽 앞에 외양간이 있고, 사랑방 아궁이에 가마솥을 걸고 소에게 먹일 여물을 쑨다.

까치구멍집은 대문을 열고 들어가면 좁은 마당이고 안방이 있는 편에 부엌이 한 칸 있고, 마

당 이편으로 외양간 한 칸을 만들었다. 소를 집 안에 들이고 키우는 것은 큰 짐승을 꺼리기 때문이다. 더구나 송아지를 키울 때는 용케 알아차린 큰 짐승이 밤중에 덮치곤 하였다. 현대엔 그런 사고가 없지만 근세만 해도 피해가 적지 않았다. 그런 경험이 19세기 이전의 집에 외양간을 집 안에 시설하게 하였다. 그런데 오히려 더 깊은 산의 황소들은 외양간이 허술하다. 따로 외양간 없이 나뭇더미 위에 올라가 밤을 지새게 하기도 하였다. 또는 바자로 허름하게 우리를 지어 그 속에서 비바람을 피할 수 있게 하는 정도로 외양간을 만들었다.

   강릉 지방과 그 북부 지역의 일부에는 안채 부엌 앞으로 작은 건물 한 칸이나 칸 반間$\frac{1}{2}$이 부설되어 있다. 몸체에서 ┌형으로 돌출되도록 하였다기보다는 따로 지은 건물을 덧이어 부설시킨 듯이 보이는 그런 구조물이다. 아래층은 외양간으로 위층은 곳간으로 쓰게 만들었는데,

마당 한쪽에 외양간을 들인 집

백령도를 비롯한 섬에서도 그런 유형의 외양간을 볼 수 있다. 외양간 없이 소를 키우는 고장과 외양간을 따로 만들어 독립시킨 고장은 지역에 따른 차이로 보이는데 어째서 그런 차이가 생겼는지에 대하여는 아는 바가 없다.

고구려 고분벽화에 외양간이 묘사되어 있다. 마구간과 나란하게 자리잡고 있는데 고구려의 소는 농사 짓는 데에도 사용되었겠지만 수레를 끄는 역할을 맡아 하기도 하였다. 평상시엔 소가 끄는 수레를 타다가 전쟁이 난다든지 급하게 이동할 일이 생기면 말과 대치시켰다. 그래서 고구려 고분벽화에는 말이 끄는 수레와 함께 소가 끄는 수레의 모습도 묘사되어 있다.

조선시대의 이름난 정승인 고불古佛 맹사성孟思誠(1360~1438) 그 어른은 고향집이 지금의 온양 옆 신창인데 한양부터 소를 타고 다닌 분으로 유명하다. 그 어른은 고려 말 명장으로 이름 떨친 최영 장군의 손자사위이다. 최 장군이 사시던 집을 영특한 이웃집의 아이에게 손녀를 의탁하면서 함께 넘겨주었다. 그가 살던 집은 지금도 '아산牙山 맹씨행단孟氏杏亶'이란 이름으로 충청남도 아산시에 남아 있고 국가 사적 제109호로 지정되어 있다.

지금은 소 한 필로 쟁기질을 하지만 이 어른들이 사시던 시절에는 두 마리 소에게 한꺼번에 쟁기를 지게 하고 밭을 갈았던 모양이다.

"어느 소가 밭을 잘 갈우?"

하고 물었더니 농사꾼이 얼른 대답하지 않고 물은 사람에게 쫓아와서 귀에다 대고 소곤거리며 대답하더란다.

"예끼 이 사람. 멀리서 얼른 대답할 일이지 예까지 달려와 그 구린내 나는 입을 귀에 대고 속삭여! 괘씸하고녀."

"소도 짐승인데 제 소리 듣고 좋아할 까닭이 있을라문입쇼. 아무리 미물의 짐승이라도 칭찬을 듣고 싶은 법입니다요. 네, 양반 어른."

1999년 인도 설산 히말라야가 있는 히마찰주에 갔다가 디야르라는 높은 산 위 마을에서 두 마리 소가 쟁기질하는 모습을 보았다. 어려서 보곤 처음 보는 광경이라 흥미로웠다.

깊은 산골 깊은 곳의 살림집 주변에는 곡식을 갈무리하고 거둔 옥수수나 수숫대 등을 노적

옆면 위/ 집 안에 외양간을 만들지 않고 집 앞에 별도의 건물을 짓기도 한다.
옆면 아래/ 중요민속자료 제102호인 고성 어명기 가옥의 외양간 위에는 다락이 마련되어 있다.

행랑채 중간에 만들어 놓은 외양간

가리처럼 쌓아 두는 더미가 있다. 겨울철에 군불 지피는 데 요긴하게 사용된다. 그 옆으로 강냉이를 말리는 횃대가 걸려 있기도 한다. 집 주변의 공터가 다 삶의 터전으로 활용되고 있는 것이다. 그건 울타리 없는 집이나 울타리 있어도 앞마당이 넓은 집은 함께 마당이 요긴한 처소가 되어 멍석 깔고 곡식 널어 말리는 작업도 하고 대문 앞 너른 공터에서는 타작을 한다던가 하는 일을 하기도 한다.

지금 사람들은 품이 아깝다고 태양에 널어 말리지 않고 건조기에 넣고 인공으로 건조시킨다. 그런데 그렇게 말리면 태양 볕에 말린 것에 비하여 맛이 훨씬 못하다고 한다. 고추를 태양 볕에 말렸다고 해서 '태양초' 라는 이름이 따로 생길 정도로 태양 볕에 말린 것을 귀하게 여기는 세상이 되었다. 옛날 같으면 당연한 일인데.

현대의 문명이 낳은 기계가 천연스러운 옛 것을 이기지 못하고 있음을 알려 준다. 이런 일이 비단 이 일에만 국한되는 것은 아닐 것이다.

"아! 문명이여……."

천년 영천수

　누이가 동이를 받아 이고 동네 공동우물로 간다. 솜씨 있는 매부가 멋 부려 다부지게 만들어 준 똬리를 먼저 머리에 얹더니 동이를 그 위에 올린다. 두 손 다 놓고는 잽싸게 궁둥잇짓해 가며 우물가로 달려간다. 두 손 다 잡고도 조심스럽게 걷는 것이 안존한 여인들의 몸짓인데 오늘 돌아올 낭군에게 해먹일 음식 장만에 신이 난 모양으로 누이는 그런 시선에 전혀 오불관언이다.
　누이가 걷는 모습을 뒤에서 보면 궁둥이가 이리저리 잽싸게 왕복하고 있는데 그 궁둥이가 탄력 있게 탐스럽고 예뻐서 보기가 아주 좋다는 평판이다.
　"매부가 그 걸음걸이에 혼백이 나가 단숨에 정신없이 청혼을 하였단 말이시."
　하얀 행주치마가 약간 벌어진 틈새로 느껴지는 궁둥이의 실팍한 육감이 남자의 사랑을 유혹하나 보다고 동리 아줌마들은 누이를 두고 우물가나 빨래터에서 흉을 보았다.
　"그런데도 여직 아이가 없을까? 알다가도 모를 일이야."
　옆의 신랑이 누이 걷는 모습에 어안이 벙벙하여 서 있다가 색시의 손 매운 꼬집힘을 당하지 않은 이가 없다는 소문도 이웃 마을로 퍼져 나갔다. 그렇다고 누이의 행실이 나쁜 것도 아닌데 자꾸 입 초사에 오르는 것은 부모님이 생산을 잘 해 주신 덕분인데, 매부는 혹시 누가 넘볼까

싶어서인지 매양 먼 지방으로 원행할 때마다 잘 지켜 달라는 당부가 신신하다.

공동우물의 물은 가물어도 늘 그만하며, 차고 달아서 이웃 마을 사람들조차 탐을 낸다. 반대로 겨울철에는 아주 차지 않아 빨래하는 데 손이 빠지는 시린 감각은 겪지 않는다.

우물물이 좋다고 전국으로 소문이 퍼진 곳도 있다. 전에 전라남도 구례 땅의 마산면 사도리에 갔더니 장수마을이 있고, 마을 사람들이 그 물을 마셔서인지 백년을 넘게 산다고 소문이 났다. 그런 유명한 우물이 마을 어귀에 있었다. 그 옆으로 한국 제일의 장수촌을 알리는 비석이 섰다. 1996년 인구조사 통계에서 이 마을이 제일가는 장수촌임이 밝혀졌다고 기록하였다. 백 살 넘는 분들이 대를 이어 가며 계속 생존해 계셔서 장수촌으로서의 명맥을 잘 간직하고 있다고 한다. 1999년 여름에 방문하였을 적에는 백살 넘은 분은 돌아가셨고 아흔여덟 살 되신 할머니가 살아 계신다고 해서 일흔두 살의 젊은 마을 청년(?)이 안내를 하였는데 '일흔 살 정도는 이 마을에선 아직 젊어서 마을 심부름이나 하는 청년 취급을 받는다'면서 웃는다.

그런 우물이 자꾸 오염되고 있다고 마을 사람들은 걱정이다. 소문을 듣고 온 사람들이 그 우물을 떠먹는데 그 입을 통해 세균이 우물에 떨어져 마을 사람에게 전염되고 있다고 한다. 물의

왼쪽/ 구례군 마산면 사도리 장수촌에 있는 공동우물
오른쪽/ 공동우물 옆에는 '千年古里 甘露靈泉' 이라고 새겨져 있다.

질이 그만큼 떨어질 뿐 아니라 오염으로 해서 질병이 발생하여 병원 신세를 지고 있다고 한다. 떠먹고 가는 정도는 약과이고 통에 담아 가느라 법석인데 그 그릇을 후닥닥 가심할 때마다 우물에 튀는 것이 더 나쁜지 모르겠다고도 한다. 결국 철없는 이기주의적 행동이 오염을 불러오고 있는 것이다. 그래서 마을 사람들은 감로영천甘露靈泉이라 새겨 자랑하던 이 우물물을 마시지 않고 집 안에 판 물을 따로 마시고 있다 한다. 공해가 그만큼 질서를 파괴하고 있는 것이다.

또 다른 공해도 있다고 농촌에서는 곤혹스러워하고 있다. 어느 학자가 외국 유학에서 돌아와 외국에서처럼 시냇물을 직선화시키고 좌우에 둑을 높이 쌓아 홍수의 피해를 막아야 한다고 국가에 건의하였다. 그래서 개울을 직류형으로 곧게 펴고 호안(護岸, 강 기슭이나 제방을 보호하는 일) 석축石築을 말쑥하게 하여 정비하였다. 백사장도 없어지고 호안한다고 다 집어다 써서 하천의 돌도 대부분 사라졌다. 백사장과 바위 밑에서 살던 생물들이 위기를 맞이하였다. 생태계에 혼란이 야기되었다는 평가이다.

보기에 깨끗하게 정돈되어 선진국형답다는 칭찬을 받았다. 예산을 주어 집행한 당시의 행정 책임자는 대단히 만족하게 여겼다고 한다. 그런 만족이 신문에 실려 널리 알려졌다고 그 방면에 정통한 분이 소식을 전해 주었다.

그런데 몇 해 지나자 마을의 우물이 차츰 말라붙더니 가물어도 샘이 솟던 우물에 이상이 생겼다. 물이 괴는 수량이 현저히 줄어들었다. 마을에 공론이 돌았다. 물길이 뱀 지나가듯 흐르던 시절엔 이리 걸리고 저리 걸리면서 머무는 물이 많아 그 물들이 지하를 통해 우물로 스며들었는데 직선화되고 나니 물이 잽싸게 빠지는 통에 스며드는 수량이 적어 우물에 이상이 생긴 것 아니냐는 공론이다.

누이는 동이 가득 물을 이고 휑하니 집으로 달려간다. 몇 행보 더 해야 물독이 찬다. 낭군이 목물하고 누이가 뒷물하려면 더운물이 가마솥으로 하나 가득해야 하겠다. 누이를 도와 물지게 몇 번 져 주는 것이 부조가 되겠다는 생각에 얼른 집으로 들어갔다.

회덕의 남간정사. 대청 바로 뒤에 냉천이 있어 이 물로 차를 끓이면 차맛이 아주 좋다고 한다.

세간과 살림살이

물지게 지고 나가는 모습을 보더니 뒤주에 가서 저녁 지을 쌀을 퍼 담고 보리쌀도 한 바가지 퍼들고 나왔다. 부엌 뒤꼍에 놓인 돌절구에서 보리를 공이질하면서 찧는다. 겉껍질을 벗기는 작업이다. 그런 돌절구와 나무공이는 진정한 삶터의 표상이다. 애써 지은 산더미 같은 노적가리를 쌓아 놓고 있어도 찧고 까불지 않고는 먹을 수가 없기 때문이다.

집집에 절구와 키가 있고 맷돌과 채가 있으며, 멍석과 두레방석(새끼로 엮어 만든 둥근 형태의 깔개. 마당이나 부엌 바닥에 깔고 앉는 것)과 함지박과 안반이 있다. 떡 안반은 떡판과 한 구실이다. 떡판 대신에 돌로 만든 것도 있다. 물 담는 확보다 운두를 낮게 만든 전이 있는 석조물인데 안마당 한쪽 편에 두고 사용하는 것이 보통이다.

안마당에 두고 쓰는 세간들도 그 종류가 다양하다. 살림살이에 요긴한 도구들인데 부잣집이거나 종가댁이어서 행사가 많거나 하면 그 종류는 더 많다. 그것들 대부분이 자가생산품들이다. 사다 쓰기도 하지만 재주 있고 솜씨 있는 주인은 어머니와 안사람을 위해 필요한 도구를 만들어 낸다. 그러니 집집의 것이 서로 모양을 달리한다. 공예품 경연장이 마을에 열린다. 한자리에 모두어 전시하거나 품평해 보지 않아서 그렇지 그런 일이 벌어진다면 집집의 솜씨자랑이

대단하였을 것이다.

  허름한 할아버지가 마을을 순행하며 밥 얻어먹어 가며 쭈그리고 앉아 필요한 세간들을 만들기도 한다. 많은 세월 그런 작업을 한 사람이라 요구하는 대로 날렵하고 멋들어지게 얼른 뚝딱 만들어 낸다. 그런 세간과 살림살이들이 지금은 고향집을 떠나고 있다. 1960~70년대엔 엿장수와 고물장수들이 집집마다 다니며 반닫이, 나무궤, 엽전궤, 심지어 제주도의 나무방아까지 싹싹 쓸다 팔았다. 외국으로 수없이 팔려 나갔다. 아주 헐값에 팔려 간 그 목기들이 지금은 상

마당 한쪽에 놓인 돌절구와 나무공이

옆면 위 왼쪽/ 정갈하게 정리되어 있는 절간의 살림살이
옆면 위 오른쪽/ 절구와 여러 개의 바가지, 소쿠리가 그만그만한 자리에 보관되어 있다.
옆면 아래/ 가장 손쉽게 가져다 쓸 수 있는 자리에 걸려 있는 살림살이들
위/ 마당 우물가에 떡을 치는 안반이 놓여 있는 함양 정여창 선생 댁

당한 미술품으로 대접을 받고 있다. 이런 세간들을 지금은 골동품가게에서 민예품이라는 이름으로 큰돈 받고 팔고 사고 있다.

생각나는 일이 있다. 1960~70년대에 갑자기 어디에서인지 철제 캐비넷이라 부르는 세간에 등장하였다. '챙~' 하고 열리는 소리가 매력적이라 했고 대유행을 하였다. 시골집에서도 반닫이나 장롱 내주고 그 신기한 세간을 집집이 장만하였다. 들여다 놓을 방의 천장 높이가 낮으면 방배닥을 깨고서라도 들여다 놔야 유행에 뒤지지 않는 가정주부로 행세하였다. 얼마 지내지 않아 쓰다 보니 습기 차고 대체거나 하면 입혔던 법랑이 떨어지면서 녹이 스니 볼꼴이 말이 아니었다. 오래 두고 사용할 것이 못 되었다.

년데리가 날 즈음에 재빠른 장사꾼들은 '포매이카 장'이라 부르는, 베니어 판에 무늬판을 입히고 코팅한 제품을 들고 나와 예쁜엔 웃돈 없은 캐비넷과 교환하라고 애교를 떨었다. 한동안 가정주부들의 우매정책이 지속되었다. 알고 속는제 모르고 속는제 우매한 세월이 지났다. 그러자 역시 포매이커로 코팅한 부분이 박락되면서 흉한 제부를 드러내었다. 비로소 '통나무로 만든 것이 역시 좋은 것이야' 하고 생각하는데 테크 나무로 제작하였다는 목제 가구가 에쁜엔 호된 가격을 달라고 손을 뻗혔다. '앗차!! 우리 집에도 통나무 궤짝이 있었는데' 싶어 정신이 번쩍 들어 골방에 들어가 보니, 벤대 나온다고 내다 판 자리엔 먼지만이 쌓였다. 그렇구나 싶어 혹시나 해서 골동품 가게에 나가 보니 그 값이 500만 원 주고는 만져 보지도 못하게 한다.

5000원에 팔았던 반닫이 값이 집 한 채 값이 되었다는 소리를 듣고도 여직 감각에 둔해서 이번엔 아파트로 이사 간다고 광과 다락에 있던 세전지물 다 버리고 가벼운 마음으로 떠나 호되게 비싼 서구식 살림살이들을 매련하며 문화인이 되었다는 만족감에 도취하였다.

옆면 위/ 멍석은 비 맞지 않게 부엌 문 안쪽 벽에 걸어 두어야 쓰기 편하다.
옆면 아래/ 부엌 뒤켠에 체, 맷돌, 절구, 약탕기들이 가지런히 정리되어 있다.

천렵

물지게 벗었을 즈음에 소낙비가 쏟아졌다. 세 동무니(소나기가 연속 세 번 쏟아지는 현상) 다 하기 전에 얼른 물고기 잡는 그물 들고 개울로 나가야 오늘 아버지 밥상에 오를 물고기를 잡을 수 있다.

개울로 나가다가 원두막에 들렀더니 부지런한 누이는 어느 결에 매부에게 줄 잘 익어 단내가 나는 개구리참외를 벌써 한 광주리 따 원두막 아래 그늘에 두었다. 어제 새로 산 큰 신식 물통인 드무(물 담는 큰 그릇)에 물을 가득 길어다 붓고 시원해지라고 참외를 담갔다.

"우리 누이는 밉지가 않아. 좋았어, 물고기를 더 잡아 밥상에 올려 주라고 해야지."

아무리 신식으로 직류천을 만들었어도 어디에 물고기 놀고 있는지를 손금 보듯 하는 처지이니 그렇게 걱정할 것이 못 된다. 더구나 물고기가 모여들도록 물 골을 만들어 두었으니 오늘도 일진만 좋다면 천렵국 끓일 정도는 별 어려움이 없을 것이다.

가끔 자가용 탄 외지 사람들이 와서 듣도 못 하던 낚시 도구를 드리우고 젠체하고 앉았지만 고기 많다는 소문에 홀렸을 뿐 고기 없는 자리 골라 앉아 졸고만 있다.

"저 사람들 오늘 기름값도 거두지 못할걸?"

　어디에 앉아야 물고기가 많이 물린다는 교육을 이수한 졸업생들이란 소문이나 우리 시골에 사는 사람들 안목으로 보아선 그런 교육은 자칫 책상물림들의 이론에 불과할 수도 있다.
　아무도 없을 때 그물질을 하였다. 예상하였던 대로 단숨에 천렵국 끓일 만한 분량이 되었다. 그럴 때는 미련없이 떠나야 한다. 더 욕심내 봐야 먹지도 못 할 것 두었다 더 자란 뒤에 다시 잡는 것이 현명하다.
　벌써 천렵국 맛이 입 안에 가득 찬다. 매운 고추장 나우 풀고, 애호박과 수제비를 알맞게 넣는다. 그래야 씹는 맛이 나서 좋다. 한차례 끓고 나면 싱싱한 콩잎을 썰어 넣고 파를 숭덩숭덩 넣는다. 그래야 물고기의 모래 냄새가 사라진다. 몇 번 끓어 넘쳐 고기가 풀어지도록 곤 뒤에 식초를 치면 국물이 단숨에 뽀얀해진다. 그때의 맛이란, 벌써 코끝에 냄새가 감돈다.
　코를 벌름거리며 그물을 걷는데 한 소내기가 한바탕 쏟아져 내린다. 후닥탁 달려 얼른 원두막으로 갔다. 그런데도 벌써 비가 의복을 많이 적셔 올라앉으니 축축해서 입고 있기 거북하다.
　"에라, 다 벗어 버리자."

합천 영암사지 가는 길

원두막

둘러보아도 아무도 없다. 이만한 시간에 이 근처에 다른 사람이 있을 것 같지 않다. 훌훌 벗어 젖은 의복을 여기저기에 걸어 놓았다. 그만하면 곧 마르겠지. 거칠 것 없이 다 벗고 나니 다시 어린애로 돌아간 듯한 기분이 되면서 마음이 가벼워진다. 코끝에 노래 소리가 맴돈다.

"그렇다면 왜 입고 사누. 원시인들의 아직도 벗고 사는 일이 더 천연스러울 수 있을 거야."

텔레비전에서 보니 오지에 사는 이들은 아직도 벗은 채로 생활하고 있었다. 다 드러내고 겨우 한 곳만 조금 가렸다.

원두막은 키가 큰 기둥 넷을 벌려 세운다. 알맞은 넓이로 네모 반듯하게 터를 만들고 그 네 귀퉁이에 기둥을 박아 세운다. 사람 키 한 길쯤의 높이에다 가로로 건너지르는 나무를 줄로 단단히 매어 고정시킨다. 거기에 의지하고 올라앉을 마루를 형성하는 것이므로 단단히 잡아매야 한다. 이런 나무는 마루에서의 귀틀 구실을 한다. 대청의 우물마루에서도 마구리에 굵은 재목으로 윤곽을 만드는데 그것을 귀틀이라 부른다. 그 귀틀에 의지하고 일정한 굵기로 마련한 재목을 촘촘히 엮어 깐다. 배게 해야 딛는 발이 빠지지 않으므로 나무 생김새를 골라 가며 치밀하게 치는 발 엮듯이 엮는다. 그리고는 다시 끈으로 귀틀과 동여맨다. 움직이지 못하게 하는 방법

누렇게 익어 가는 보리밭 사이에 정감 있게 서 있는 원두막

이다. 그 정도만 해도 사람이 올라가 요동을 친다 해도 바닥이 벌어지거나 하지 않을 만하다.

낫으로 거친 나무 고갱이를 정리하고 거적을 깐다. 두어 겹 깔면 바람도 통하고 궁둥이가 배기지도 않아 그만하면 지낼 만해진다. 기둥머리로 다시 나무오리(가는 나무)를 건너지르곤 역시 끈으로 결색하여 고정시킨다. 단단히 잡아매야 한다. 지붕을 구성할 기반이 되기 때문이다. 건너지른 나무를 도리라 불러도 되겠다.

도리와 기둥에 의지하고 네 귀퉁이에서 중심부를 향해 긴 나무를 건다. 네 귀퉁이에서 동시에 같은 중심부로 모이게 하였으므로 나무 넷의 머리가 모였다. 원두막 중심부에 발판 놓고 올라서서 네 나무 모인 부분을 번쩍 들어 함께 높이 올린다. 버썩 올린 후에 하나하나 단단히 잡아맨다.

네 나무가 한 끈에 고정되면 매듭이 생기는데 이때 그 모임의 매듭이 기둥머리보다 높은 위치에 있어야 한다. 그래야 네 나무가 추녀와 같은 구실을 하게 된다. 재주 있고 경험이 있어야 차질 없이 만든다.

추녀를 의지하고 사이에 서까래를 건다. 서까래도 단단히 결색한다. 서까래가 흘러내리면 지붕이 흐트러진다. 그러면 낭패이므로 견고하게 붙잡아 매야 차질이 없다. 서까래를 다 걸면 서까래 사이에 가는 나무를 건너지르며 엮는다. 산자처럼 서까래 간격을 메워 주는 방식이다. 그렇게 하면 이제 서로 힘을 합치고 있으므로 추녀나 서까래가 피라미드 모양으로 중앙이 방추형 꼴로 버썩 솟게 되어 밑으로 처질 염려가 없어진다. 그 일이 끝나면 이엉으로 덮어 지붕을 완성시킨다. 기둥머리로 건너지른 도리에 거적 한 겹을 잡아매어 커튼처럼 늘인다. 비가 오거나 바람이 불면 내려치고 맑은 날엔 걷어 올린다.

전라남도 곡성군 돌실石谷에는 방직하는 '돌실나이'가 있어 무형문화재 제32호로 지정되어 있다. 돌실나이가 사는 마을 어귀에 오래된 기법의 오두막이 있었다. 언덕과 낭떠러지 지형을 이용하여 오두막을 만든 것인데 지붕은 없는 구조이나 통나무를 사용하여 만들었다는 점에서 매우 원초적인 성향을 보이고 있다. 백안 사진가가 발견하고 사진 찍어다 널리 알려서 원초형의 오두막 형상으로 여러 번 소개가 되었다.

나무그늘에 천연스럽게 만든 나주 샛골나이의 원두막

　소낙비가 멎는가 싶은 기미를 느끼면서 깜빡 잠이 들었나 보다. 갑자기 호들갑스러운 여인의 새된 소리에 놀라 잠을 깨었다. 누가 원두막에 무심코 올라왔다가 훌훌 벗고 시원하게 자고 있는 네 활개 펼친 남자를 보았나 보다. 그 서슬에 기겁을 해서 내려가다 발을 헛디뎌 원두막 사다리에서 미끄러졌고 그 통에 자기가 놀라 외마디 쇳소리를 질렀고, 소리가 워낙 커서 자던 사람이 놀라 깨어났을까 봐 걸음아 날 살려라 하고 뛰어가고 있는 뒷모습이 눈에 들어왔다.

신식으로 만든 큰길 가의 원두막

"어느 여인이었을까? 저리도 놀랐으니……."

이왕이면 마음에 두고 있는 그 여인이었으면 좋겠다는 마음이 순간 떠올랐다.

"이건 또 무슨 심보이지?"

고향이 아니면 볼 수 없는 한 폭의 그림이다.

어느덧 소나기구름은 하늘에서 사라졌고 청천백일의 맑은 햇살이 천지에 가득 차 있다.

"어서 가서 천렵국 끓여야지."

원두막 내려오면서 다시 두리번거린다. 혹시 그 여인이 어디엔가 숨어서 지켜보고 있는 것 같다는 생각이 떠올랐다.

"설마, 그럴 리야 있을라구."

하면서도 다시 돌아보고 또 되돌아보았으나 수상한 기미는 느껴지지 않았다.

"누구였을까?"

안마당

돌실나이네 안마당에서는 베를 직조할 실에 풀먹이는 일을 한다. 마당이 평탄하고 상당히 넓지 않아서는 하기도 어렵겠다.

안마당이 넓어야 좋은 것은 하다못해 지신밟는다고 풍물패가 들어와 한바탕 놀이를 하자 해도 좁아서는 운신하기가 어렵다. 여럿이 한바탕 놀며 마당을 울려 주어야 토지신이 기분이 좋아 그 집에 행운을 주어 보답한다는 생각이므로 마당이 넓어 흡족하게 뛰어놀면 그만큼 복을 많이 받는 조건이 될 수 있다.

지신밟기도 이젠 웬만한 작은 도시에서조차도 보기 어렵게 되었다. 점점 사라지고 있는 관습의 한 가지이다. 풍물 울리는 소리를 잊고 서양식 악기가 쏟아내는 멜로디만 들으면 과연 어떻게 되는 것인지도 궁금해진다.

안마당에서는 농사지어 갈무리한 것들을 햇볕에 단단히 말리는 작업을 한다. 그러니 가을걷이 끝났을 때 마당은 널어놓을 것들로 만원이 된다. 만원이 되어야 풍년이고 그래야 고명딸 시집보낼 마련이 된다. 어머니의 바쁜 손길에 신바람이 났다.

안마당에 장독대가 있는 집도 있다. 대부분 장독대는 안채 뒤곁 양지바른 자리에 정갈하게

자리잡는 법이나 남부의 일부 지방에서는 안마당 한편에 장독대를 마련하기도 한다. 명당자리에 터전을 잡았다고 널리 알려진 전라남도 구례군 오미동五美洞에 있는 운조루雲鳥樓 안채 안마당에도 장독대가 있다. 그 댁 장독대 장독에는 묵은 장이 맛있다는데 어느 때 가 보면 버선본처럼 생긴 종이를 장독에 붙여 두기도 한다.

    안마당에 우물이 있는 집도 있다. 살림살이에 필요한 여러 가지 도구들이 우물가를 차지하

안마당은 가을걷이한 곡식을 알뜰히 갈무리하는 공간이기도 하다.

고 있다. 우물 가까이에는 대추나무 한 그루를 심어 둔다. 그래야 우물에 벌레가 끼지 않는다고 한다.

    대추나무가 잘 자라는 고장이었는데 인삼밭이 들어왔다. 인삼밭이 가깝게 들어오면 대추나무는 생태가 나약해지면서 병이 들고 마침내는 죽고 만다. 인삼을 달여 먹을 때 대추를 넣고 끓이는 것은 독성을 중화시키는 지혜라 하는데 대추나무와 인삼밭의 상관에서도 그런 점이 짐작

장독에 버선짝을 붙이고 금줄도 쳤다. 그래야 장맛이 좋다고 한다.

된다. 동물끼리도 천적이라든지 하는 상극이 있다면 식물의 경우도 마찬가지인 모양이다.

　우물가의 살림살이 중에는 지금 도회지에서 볼 수 없게 된 것들도 있다. 아마 국내에서 이런 집이 사라진다면 한 시대의 살림살이의 자취를 영 잃고 마는 결과가 될 것이다. 그것은 전래하던 전통의 맥이 끊긴다는 점과 직결되는 엄청난 결과이다.

　말끝마다 문화국민이 어떻고, 전통을 계승해야 한다고 하면서도 정작 자기 집 문화유산은 스스로 싹싹 쓸어다 내다버리고 있다. 고향에는 젊은이들이 별로 살지 않는다. 노인들이 돌아가시면 대를 이을 인재가 없다. 그런 살림살이에 익숙하지 않으면 사용하는 일을 꺼리게 되니 자연 박제된 상태로 생명이 정지되고 만다.

　농사일이 다 끝이 나면 안마당은 다시 말쑥하게 정돈된다. 이제 시루떡 쪄 놓고 고사 지낼 차례가 된다. 일년 내내 아무 탈없이 무사하게 해 주셔서 가족들이 다 건강하게 부지런하였고 농사도 풍년이 들어 넉넉히 갈무리하게 되었은즉 드디어 딸아이 시집보낼 마련을 만들어 주셨으니 더할 나위 없이 고맙다는 치성을 들인다.

　딸이 시집가는 날 안마당에 차일 치고 초례청을 꾸미었다. 인근 마을의 친지들이 다 모여들었고 맛있는 음식 나누어 먹으며 덕담들을 푸짐히 하였다. 고향에서나 볼 수 있는 광경이고 인심이다.

　지난번 상노인께서 작고하셨을 때는 차일 친 안마당이 문상 온 객들을 모셨던 응접실이었고 꽃상여가 출발한 시발역이었다. 그때도 건을 쓴 사람들이 집과 마당에 넘쳤다. 만장이 가득 차게 휘날렸고 문상객들을 호궤犒饋하느라 큰 돼지 한 마리 잡아야 하였다.

　푸짐해야 인심이 난다. 찾아온 사람들을 절대로 홀대하지 말아야 한다. 지나가던 길손이 와서 하룻밤 묵고 가길 청해도 거절한 적 없고, 과객이 각설이 타령을 하면 몇 구절 듣다간 한 바가지 퍼 주어 보낸다.

　인심 박한 집도 없지는 않았다. 김삿갓도 그런 인심을 만나 한탄을 하기도 한다.

　　二十樹下 三十客　　스무나무 아래로 지나가던 설흔 먹은 길손이

한켠에 장독대를 들인 구례 운조루의 안마당

四十村中 五十食	큰 마을 들러 밥 좀 달랬더니 쉰밥을 주는구나
人間豈有 七十事	인간 세상에 어찌 이런 일이 있으랴
不如歸家 八十食	집으로 돌아가 팔삭 삭은 밥 먹느니만 못하네

    자린고비 영감이 인심도 각박하여 동냥 온 각설이를 쪽박 깨며 내쫓고 시주하라 목탁 치는 스님 바랑에 여물 한 삽 퍼담기가 일쑤였다. 하도 호가 널리 나서 아무도 찾아 들지 않게 되었지만 낭패한 인심이 더더욱 방자하여 인근에서 걷잡을 수 없는 지경에 이르렀다. 어느 날 늙수그레한 도인 차림의 인물이 찾아와 적선하라고 외쳤다. 전에 없는 굵고 우람한 목소리에 좀 기가 질리긴 하였지만 평소에 하던 대로 영감은 영락없이 거름을 퍼다 길손에게 던졌다. 던진 순간 '퍽~' 하고 거름에 불이 붙더니 삽시간에 그 불이 집으로 번져 고래등 같은 집이 불길에 휩싸였다.

    다른 집 같으면 초가집이 불에 타더라도 온 동리 사람들이 달려나와 불 잡는 일에 전력할 터이지만 그 영감 집에는 개미새끼 한 마리도 얼씬거리지 않는다. 혼자서 자식들 독려하며 불길 잡느라 동동거렸지만 무위가 되고 집과 그 많은 세간이며 살림살이와 곳간의 물화들이 다 소진되고 말았다. 허망한 결과였다. 그 집터는 갑자기 함몰되더니 물이 차 올라 연못이 되어 다시는 아무도 살 수 없는 자리가 되고 말았다.

안마당의 연희

안마당에서는 멍석말이도 한다. 마을에서 치죄할 일이 있어 공론이 돌면 죄인을 잡아다 문초하고 사실로 판명되어 벌을 내릴 일이면 마을 장로나 촌장의 지시에 따라 멍석말이하는 벌을 내린다. 법치국가에서 그런 벌이 있을 수 없다고 하지만 마을의 불문율이 더 확실하던 시절엔 다른 제도에 관계없이 마을 관습에 따른 집행이 자행되곤 하였다. 그런 시절엔 도둑도 없었고 강간이나 살인도 없었다. 제 어미나 식솔들을 자기 손으로 죽이는 끔찍한 일이 벌어지지도 않았다. 그래서 마을에 안녕과 질서가 유지되었다.

그런 멍석을 펴놓고 둘러앉으면 즐거운 놀이판이 된다. 멍석 펴면 잘 놀던 사람도 공연히 쑥스러워한다는 말도 멍석 깐 연희가 보편적인 데서 생겨난 말이다.

목청 좋은 이의 노래 소리가 멍석에서 울려 퍼진다. 구례읍에 동편제의 산실이라고 할 집이 있다. 그 집의 규모로 보아 사숙하는 이들이 개별적으로는 방이나 마루에서 수련을 하였겠지만 때가 되어 문하생이 다 모인다면 마당에 차일 치고 멍석 깔고 앉아 사습을 여는 수밖에 없었을 것이다. 북 치고 장구 치며 상쇠 소리에 맞춰 '앉은 방(앉아서 하는 연주)'으로 풍물 치기도 한다. 여기에 피리나 날라리가 끼여들면 동리 잔치는 끝내 준다.

지신밟는 풍물패가 들어와 한바탕 실컷 놀 수 있을 만큼 안마당은 넓어야 좋다.

때로 굿판이 벌어지기도 한다. 집에 우환이 있어 굿을 하기도 하지만 마을을 위한 굿판이 벌어지기도 한다. 서낭당에 신을 모실 때도 무당집 마당에서부터 제의祭儀를 시작하는 수도 있다.

멍석에서는 윷놀이도 한다. 여럿이 패를 갈라 소리소리 지르며, 즐거움의 환호가 마을이 떠나가라고 질러 대는데도 아무도 시끄럽다고 시비하는 사람이 없다. 도회지에서 눈치보며 노는 것과는 처음부터 다르다.

안마당에서 여인들은 널뛰기도 한다. 그런 날 앞마당에서는 남자아이들이 팽이도 치고 제기도 찬다.

안마당에서는 하늘에 치성 드리는 일도 한다. 바위가 안마당 한편에 자리잡았다. 동글동글하게 작은 공을 반으로 쪼갠 듯한 모양으로 칠성을 새기거나 알 터를 새겨 제의를 진행하기도 하는데 이는 동구 밖의 알 터에 비하면 큰 규모가 아니다. 그 바위에서 치성 드리는 일도 한다. 하늘의 운행을 지켜보는 이들의 행의行儀이다.

"시골에서나 별을 보며 천문을 살피지 지금처럼 도심에서 별을 볼 수 없다면 그 일은 어림도 없을 것이지."

별 볼 일 없는 사람들의 별 볼일 없는 행동으로 해서 별 보기 어렵게 된 세상이 되었다는 한탄이다.

"그 대신 천체 망원경으로 별을 보지 않습니까. 세상이 달라진 것이지요."

옛날 사람들이 천문지리 보듯이, 하늘을 살피는 데 천체 망원경이 도움이 되는지를 누구에게 물어 봐야겠다고 하면서도 여직 이행하지 못하고 있다.

옆면 위/ 안마당에 작은 화원을 꾸미고 한쪽에 우물도 마련하였다.
옆면 아래/ 안마당에 치성을 드릴 수 있는 거북바위가 있고 거북 등에는 칠성의 알 터가 있다.

앞마당과 뒷마당

앞마당은 추수한 곡식을 털거나 하는 타작마당 구실도 하고 노적가리를 치쌓아 두기도 하여서 평탄하고 널찍하고 동리 아이들 모여 놀기 좋은 곳이다. 노적가리 틈새로 파고 들어가 숨는 숨바꼭질하기에도 아주 십상인 장소이다.

자치기도 하고 돌치기도 하며 연도 날린다. 개울가에서 정월 보름이면 재웅(이엉으로 만든 인형)을 불태우며 달맞이하는가 하면 쥐불놀이로 깡통에 든 불을 원을 그리며 구심을 만든다. 불이 알을 이루는 것인데 그것은 남자아이들의 기가 되면서 불의 알에 기운이 뭉친다.

뒷마당에서는 여자아이들이 그네를 뛰기도 한다. 물론 널을 뛰어도 말리지 않는다. 줄넘기도 하고 공기놀이도 한다. 각시풀놀이도 즐겁고 봉숭아로 손가락에 물들이는 재미도 각별하다.

뒷마당에는 굴뚝이 서 있기도 하고 처마 밑으로 쓰다가 상한 가구나 살림살이들이 모여 있기도 한다. 장독대가 있다. 둘레에 담장을 쌓기도 한다. 그런 담장이 이웃한 사당의 담장과 나란하기도 한다. 함양 정여창 선생 댁 뒷마당이 그런 모습이다. 선생 댁은 사당채 옆으로 쌀과 곡식을 저장하는 곡간(穀間)이 있다. 이 곡간은 집의 여느 곳간보다 규모가 크다. 추수한 곡식의 양이 많은 집일수록 곡간 크기는 커지게 된다.

옆면 위/ 중요민속자료 제104호로 지정된 대구 묘동 박광 가옥의 토고
옆면 아래/ 함양 정여창 선생 댁 안채 앞에 있는 곡간

곡간은 통풍을 고려하여 벽을 두껍게 만들지 않는다. 그러나 쥐의 공격을 받는다. 오래 곡식이 머물지 않으면 몰라도 일년 내내 곡식을 갈무리하려면 뒤주나 토고土庫를 만드는 것이 아주 좋다. 토고는 흙과 돌을 섞어서 벽체를 구성한다. 문은 정면 한 곳에만 만들고 창도 내지 않는다. 마치 동굴 같은 구조인데 이는 돌로 축조한 석빙고에 얼음을 넣고 한여름을 지낼 수 있는 보관방법이 고려된 그런 시설의 곡간이며 곳간이다.

토고는 더러 그 자취를 남겨서 간혹 볼 수 있는데 현존하는 토고 대부분은 지붕에 기와를 이었다. 새는 비를 영구히 막는 데는 초가보다 기와지붕이 유리하다는 생각이 작용하였다고 보인다.

부경

곳간 중에 뒤주도 있다. 쌀을 담아 두는 시설이다. 마당에 자리잡는다. 대청에 두는 쌀이나 콩 혹은 팥을 담는 작은 뒤주에 비하면 규모가 크다. 대청의 뒤주 위에는 크고 작은 항아리를 크기에 따라 차곡차곡 겹쳐 놓아 아름답게 치장하기도 한다. 잘사는 집 주부의 득의에 찬 자랑거리이다. 마당의 뒤주는 지붕을 씌워 건축물로 완벽하게 지은 구조물이다. 지방에 따라서는 대나무로 엮어 만들기도 한다. 진주 옆 진양 땅에서 본 뒤주가 명품이어서 『민학民學』 제1집에 큰 사진으로 소개하였다.

그 뒤주는 밑으로 쥐가 덤비지 못하도록 함석으로 안통을 깔고 진흙으로 기초한 위에 왕대를 갈라 소쿠리 엮듯이 엮어 큰 독처럼 배가 불룩한 모양으로, 사람 한 길 반이나 되는 높이로 만들고는 머리 위로 이엉을 이어 초가지붕을 만들었다. 뒤주 둘레가 장정 세 아름은 되겠다. 이런 뒤주를 우리들은 인도 여행중에도 보았다. 중국에서는 아직 찾아보지 못하였다.

가을철에 추수한 벼를 잘 말려서 가득 채운다. 이듬해 필요할 때 아래에 만든 작은 문을 조금 들면 벼가 그리로 쏟아져 나온다. 흘리지 않게 받아 그릇에 담으면 바싹 마른 벼가 통통한 채 그대로여서 덮어서 밥을 지어 먹으면 그 맛이 일미이다.

기둥 세우고 기둥 사이를 판자로 막은 뒤주도 있다. 모양은 대청의 뒤주와 흡사하나 그 규모가 훨씬 크다. 절에서는 후원의 공루 등에 올려 두고 큰스님 시봉侍奉할 쌀을 따로 담아 두기도 한다. 여염집의 쌀뒤주는 마당에 만들어지며 지붕을 덮어 비바람을 피하게 한다. 그 뒤주는 형상이 독특하여 뒤주임을 대번에 알 정도이다.

다른 곳간은 물화나 곡식을 갖다 재는 바닥이 맨바닥이거나 나무를 모탕(곡식을 쌓을 때 바닥

옆면 위/ 곡간 안에 놓인 큰 뒤주
옆면 아래/ 대나무로 엮어 초가지붕을 덮은 큼직한 뒤주
위/ 두 개의 뒤주가 나란히 있는 쌍창

에 괴는 나무)으로 깐 토간土間이다. 뒤주는 발이 달렸고 바닥에 마루를 깔아 땅에서 떨어졌다. 그런 구조를 '경京'이라 한다. 고급의 곳간이란 이름이다. 서울을 '경성京城'이라 부르는 것도 그런 귀한 물화를 담는 뛰어난 뒤주가 많은 도성이란 의미이다.

 쌀뒤주는 앞쪽 중앙에 다시 기둥 둘을 간주間柱로 세운다. 그 사이로 널빤지를 끼우는데 뉘어서 차곡차곡 끼울 수 있게 빈지 들이듯이 설치한다. 그리고는 처마 쪽 맨 위 판자에 1번이라 쓰고 그 아래로 번호를 매긴다.

 가득 찬 벼를 꺼낼 때 1번 판자를 간주 사이에서 뺀다. 그리고 얼른 그릇을 대면 그리로 벼가 쏟아진다. 어느 정도 쏟아지면 2번 판자에 걸려 더 쏟아지지 않는다 고무래로 긁어 내야 한다. 이후로 2번, 3번 차츰 빈지 판자를 들어내면서 꺼내 먹다가 밑바닥에 이르면 뒤주는 속이 텅 비게 된다.

 빈지 판이 간주에 끼워지고 드나들려면, 미닫이 문짝을 열고 닫을 수 있게 하듯이 홈을 길게 파 주어야 한다. 그런 홈을 '물홈'이라 하는데 물홈을 파려면 발달된 도구가 있어야 한다. 그런 도구가 없던 시절에는 다른 구조일 수밖에 없었다.

 고구려 때의 뒤주를 부경桴京이라 불렀다는 중국 측 역사기록이 있다. 특히 삼국지(『三國志』 魏志 東夷傳, 高句麗傳)의 기록이 자세하다. '(고구려에는 고을마다에 따로) 큰 곳간이 없는 대신에 집집에 작은 곳간이 있는데 그 이름을 부경桴京이라 부른다'고 하였다. '부桴'자는 '뗏목을 엮은 나무'를 의미한다. 그런 구조로 뒤주인 경京을 만들었으므로 부경桴京이라 부른다는 것이다. 나무를 뗏목 엮듯이 구조한 건물을 우리는 '귀틀집'이라 부른다. 그러니까 부경은 그 형상이 '귀틀집형의 뒤주'란 뜻이 된다.

 중국에는 그런 뒤주가 없었나 보다. 자기들 관용어에 없는 단어를 만들었다. 이는 부경이 고구려 특색을 지닌 구조물임을 증명한다. 집집에 있다는 표현을 그들은 '가가유소창家家有小倉'이라 하였다. 지금도 압록강, 두만강 유역을 다니다 보면 도회지를 뺀 고장에서는 거의 집집에 없는 집이 없을 정도로 뒤주형의 곳간들이 있다. 말하자면 부경의 후손들이 집집에 자리하고 있는 것이다.

　木壽가 흥안령 산맥에서 본 뒤주는 통나무를 뉘어 가며 조성한 것으로 그야말로 귀틀집형으로 고구려시대 부경의 자취를 잘 보여 주고 있다. 압록강과 두만강 유역의 부경들이 현대적인 성향의 것이라면 흥안령의 것은 옛 모습을 방불케 하는 구조기법이 구사되었다고 할 수 있다. 역사의 자취인 것이다.

　일본에 가면 삼국의 문물이 돈독히 작용하였던 지역에 지금도 고구려계 부경형 곳간이 적지 않게 자태를 간직하고 있다. 백안 사진가는 중요 사찰에서 그런 부경들을 찍었는데 그 종류가 여러 가지였다.

　구니사키의 우사진구宇佐神宮에도 부경형 곳간이 있는데 다리가 길어 다락집만큼 높다. 통나무로 벽체를 구성하지 않고 네모 반듯한 각재角材를 사용하여 옆으로 뉘어 가면서 네 귀퉁이에

왼쪽/ 귀틀로 되어 있는 일본의 소창
오른쪽/ 고구려 지역의 부경

손가락 깍지끼듯이 하여 구조하고 지붕을 덮었는데 기와를 이었다.

현존하는 압록강 등지의 부경들이 초가나 함석 등으로 지붕을 이은 열악한 형상임에 비하면 기와지붕은 격이 높다. 고구려에도 기와지붕의 부경이 있었을 것임을 감안하면 이런 일본의 예는 주목할 만하다. 그 중에서도 나라 지방의 동대사東大寺 경내 신사 소속의 부경은 통나무를 사용한 예를 보이고 있어 고형古形을 감지하게 한다. 여기 귀틀은 둥근 서까래 모양의 통나무가 아니고 둥근 나무를 ◁형으로 다듬어 쓴 고급스러운 것인데 이른바 정창원正倉院이라는 일본 제일의 곳간도 이런 형태의 목재로 지은 부경이다.

일본 법륭사 경내에 있는 강봉장

정창원은 쌍창형인데 동대사 신사의 것은 단칸單間의 단창單倉이다. 고구려 고분 중에 마선구麻線溝 제1호분의 이름을 얻은 것도 있다. 그 고분벽화에 쌍창 부경의 형상이 그려져 있다. 그 실물의 자취를 발해 유적지에서 발견할 수 있는데 돈화敦化 지방의 '24괴석'으로 불리는 24개 주초석을 남긴 건축 터전이 그런 부경을 이룩하였던 자취이다.

고구려시대 고분인 덕흥리 고분벽화에는 다락집형 곳간이 있다. 이것의 실물은 법륭사 경내에서 볼 수 있는데 강봉장綱封藏이라 부르고 있다. 이는 귀틀 대신 기둥을 세우고 벽을 친 다락형의 구조이다. 남쪽과 북쪽 칸에만 곳간을 들이고 중앙 칸은 텅 비우고 마루를 깔았다. 곳간으로 드나들 수 있는 사다리를 가운데 칸마루에 건다. 넣거나 꺼내는 일이 끝나면 사다리를 치운다. 못된 마음먹은 사람이 접근할 수 없게 하는 예방조치이다. 사다리 치우면서 문에 가까운 부분의 마루 널을 뽑아 두기도 한다. 거기가 허청이면 발 딛기 어려우므로 접근하기가 그만큼 어렵게 된다.

정창원은 임금님의 윤허를 받아야 곳간을 개방할 수 있다는 제도를 감안한 이름이고 강봉장은 주지 스님의 허락을 받고 규정을 수호하는 입승이라는 스님의 입회 아래 문을 여닫는다는 의미를 내포하고 있다.

연당과 연못

앞마당에 연당蓮塘이나 연못蓮池을 판 집도 있다. 창덕궁 후원의 연경당은 사대부 여염집에 방불하다. 사가로 나가 살아야 할 일에 대비하여 수련을 받는 처소처럼 만들어진 건물이다.

대문 앞 동남편에도 연당이 있다. 연당 이편에 서서 바라다보면 물에 비추인 집의 그림자와 집이 함께 바라다보이면서 멋진 광경을 연출한다. 감격하기 좋아하는 사람들은 이런 모양만 보고도 벌써 그 집을 칭찬하고 싶어 입술이 달싹거린다.

터를 잡는다. 좌청룡 우백호의 날이 잘 잡힌 터전에 양명한 남방을 향하고 집을 지었다. 그런 형국에서 명당수가 흘러내린다. 명당수는 오른편 백호날에서 샘솟기 시작하여 집 뒤에 이르러 서편 골짜기로 흘러내려야 좋다. 집의 앞쪽에 이르러서는 딱 꺾이면서 물줄기가 동편으로 흘러 남향한 대문 앞을 통과하여 동남편 연당으로 흘러든다. 명당수로서의 구실을 다한 것이다.

연당 중심부에 섬을 하나 만들기도 한다. 그 섬을 '당주當洲'라 부른다. 또 작은 섬을 더 만들기도 하는데 멋진 돌들을 연당 안 적절한 위치에 장치하고 그 광경을 감상하며 즐거워하기도 한다. 경상북도 영양 땅의 서석지瑞石池도 그런 연당의 한 사례이다. 그 외에도 명품의 연당이

연못 가운데 당주가 있고 소나무를 심은 부용지

더 있다.

　연당은 주로 네모 반듯하며 사방의 호안석을 장대 다듬은 것으로 축조하여서 말쑥하다. 연경당의 연당도 그런 유형인데 혜원 신윤복 화백이 한량과 기생들의 청유淸遊하는 장면을 멋진 구도로 그렸다. 그 연당도 말쑥한 형상인데 연꽃이 만발하였고 대신 중앙의 섬은 그리지 않았다. 강릉 선교장 앞마당의 활래정이 있는 시설은 연당이라 하지 않고 보통 연못이라고 부른다.

연경당 동남편 연당에 비친 집의 그림자가 멋진 정취를 이루고 있다.

섬에 멋진 소나무가 자라고 연못에는 연꽃이 피었다. 고산 윤선도 선생의 해남 생가인 녹우당 앞마당에도 큰 연못이 있다. 섬도 있고 주변 지형도 울퉁불퉁한 산들이 연이어 있는 듯이 형상되어 있다. 인위적인 조경이지만 분위기는 천연스러움을 떠나지 않았다. 그런 산에 잘생긴 소나무들이 자라고 있는데 수백 년의 나이를 먹은 것들도 아직 자리하고 있다.

연못으로 뛰어난 것 손꼽으라면 수없이 많다. 여염집 연당이나 연못말고도 거론하라면 역시 으뜸가는 것이 서라벌 임해전의 안압지이다. 구조도 멋지지만 그 설정 또한 대단하다. 서라벌이 동해에서 가깝다고는 하지만 바닷가는 아니다. 그러면서도 연당의 물을 바다에 비유하면서 임해臨海하였다는 호연한 의도를 발의하였다. 놀라운 일이다. 통이 좁은 사람이라면 생각해 내기 어려운 발상이다.

앞마당의 연당은 화재 발생시 진화용 방화수로 활용이 가능하다. 평소의 즐거움이 비상시

왼쪽/ 여러 개의 섬을 만들어 놓은 해남 녹우당의 연못
오른쪽/ 서북 쪽 끝에서 발원하여 담장 밑으로 빠진 물줄기가 동쪽으로 꺾이면서 연당으로 흘러들어 간다.

중요민속자료 제208호인 함안 무기 연당의 방형 연당 속에 당주가 조성되어 있다.

위기를 진정시키는 효능으로 전환된다. 이런 양면성도 중요한 생활의 지혜이다. 말을 타고 다니던 시절엔 말에게 물 먹이는 일이 아주 중요하였다. 연당은 물을 먹일 수도 있는 곳이어서 말에게도 좋은 시설이 되었다.

연당이나 연못에 연꽃이 핀다는 사실도 중요한 특성이다. 연꽃에는 여러 가지 색이 있고, 연잎인 하엽荷葉도 시원스럽게 자란다.

연못의 물을 바다에 비유하여 호연한 의도를 발연한 경주의 안압지

고샅과 담장

앞마당 앞으로 담장을 치면 고샅과 경계를 이룬다. 여기 담장은 집주인이 안에서 바깥을 발돋움하지 않고 내다볼 수 있는 정도의 높이이다. 높으면 답답하고 바깥세상과 동떨어진다.

중국 잘사는 집의 담장은 매우 높다. 소주蘇州 등지에서 보는 졸정원拙政園을 비롯한 이름난 원유園囿의 담장은 사람 두 길이 넘을 정도로 높은 담장을 치켜 쌓았다. 이들은 원림을 조성하면서 '차경借景'하여 바깥 경치를 집 안으로 끌어들이기를 원하였는데 실제로 이렇게 높은 담장을 둘렀으니 그것은 이끌어 온다는 의지의 차경이라기보다 오히려 경치를 막아 버리는 '차경遮景'에 가깝다. 우리와 중국의 다른 점이다.

담장 머리로 이엉을 이어 초가지붕을 만들기도 하고 유족한 집에서는 기와를 이어 번듯하게 하기도 한다. 안동 하회 마을의 담장은 '토담'이라 부르는 유형이다. 흙만으로 축조하였다고 해서 토병土塀이라 호칭하기도 한다. 흙담이다. 이런 담장은 거푸집을 사용한다. 시멘트 부어 넣는 벽체에 앞뒤로 간격을 두고 판자로 든든하게 거푸집을 설치한다. 시골 마을에서는 남의 집 대문짝 떼어다가 이용하기도 하였다.

거푸집을 설치하고 물러나지 않도록 단단히 고정시킨 뒤에 굴림백토로 만든 흙을 넣고 매우

옆면 위/ 담장은 주인이 안에서 밖을 내다볼 수 있을 정도의 높이로 쌓았다. 보물 제209호인 대전의 동춘당
옆면 아래 왼쪽/ 짚으로 이엉을 이은 초가의 담장
옆면 아래 오른쪽/ 하회 마을 남촌댁 고샅의 토병. 골목을 마주하고 한쪽은 기와, 또 한쪽은 초가로 지붕을 이었다.

다진다. 물기가 질금질금 배어 나올 정도로 나우 찧는다. '회방아 찧듯 한다'고 말한다. 빈틈없이 채워지고 물기가 건듯해지면 거푸집을 분리시키고 그 위로 다시 설치한다. 그리고는 다시 흙을 채우는데 그렇게 몇 번 되풀이하면서 키를 높여 주면 원하는 키의 담장이 된다. 이 유형의 토담으로 기술인력을 동원하여 쌓은 고급 담장을 일본 법륭사 바깥 담장에서 볼 수 있다. 법륭사 바깥 담장은 토담 사이 이음새에 나무를 세웠고 머리 위로는 기와지붕을 말쑥하게 이었다.

맞담을 쌓는 방법도 있다. 굴림백토를 만든다. 진흙을 먼저 둥글게 뭉친다. 어린애 머리통만하게 만든다. 진흙만 빚으면 마르면서 터진다. 진흙의 점력粘力 때문이다. 석비레를 마당에 펴고 진흙덩이를 거기에 굴린다. 진흙 속으로 석비레의 모래가 파고들고 가루가 떡고물 묻듯 한다. 굴려 가며 몇 번 추스르면 진흙은 어느덧 많은 석비레를 먹는다. 그만큼 점력이 약화되어 말라도 터질 확률이 훨씬 감소된다.

기초를 하고 돌각담 한 켜 늘어놓고 그 위로 굴림백토 덩이를 죽 늘어놓는데 안과 바깥으로 줄을 맞춰 나열하면서 꾹꾹 눌러 주면 제 몸끼리 어우러지면서 접착되어 간다. 바깥쪽으로만 쌓으면 '외벽'이 되지만 안팎으로 함께 키를 맞추어 축조하면 '맞담 쌓는다'고 말한다. 담장은 대부분 맞담인 수가 많다.

굴림백토 한 켜 놓고는 산에서 주워 온 자잘한 돌로 다시 한 켜를 올린다. 흙만으로는 약하다 싶을 때 섞어 쌓는 방식이다. 키가 차면 지붕을 만드는데 담장 두께에 따라, 주어진 조건에 따라 알맞게 지붕을 만드는 방법과 담장 위로 서까래를 나란히 올리고 그 사이를 판자로 메운 뒤에 멋지고 우람하게 지붕을 잇기도 한다. 삼국시대 이래의 방법이다.

담장에 서까래 거는 법이 고급인데 그렇게 하고도 이엉을 이기도 한다. 그러나 보통은 그렇게 서까래 걸었다 하면 기와지붕 만드는 것이 보편적이다.

맞담을 쌓으면서 기와 깨어진 파편을 삽입하며 무늬를 형성하기도 한다. 그렇게 장식을 시도한 담장을 우리는 '꽃담'이라 하거나 '화문장華文墻'이라 부른다. 꽃담의 예는 아주 다양하다. 가장 소박한 것부터 아주 고급스러운 것까지 천차만별의 담장이 집집에 들어선다. 최근에는 전라북도 임실 부근의 사선대四仙臺에서 아주 재미있는 꽃담을 보았다. 1900년대 초엽의 작

옆면 위/ 기와편으로 무늬를 만들며 쌓은 맞담
옆면 아래/ 하동 쌍계사 후원 맞담의 꽃무늬

품이라 하는데 단순하게 기와편만으로 조성한 것이나 여러 가지로 무늬를 형성하며 즐긴 듯하며, 조형법이 자유자재여서 매우 흥미로웠다.

　장대석이나 무사석 세 켜를 쌓고 그 위로 사고석을 다시 다섯 켜 축조한 위로 검은색 반반전 半半塼을 역시 다섯 켜 올려 완성한 맞담도 있다. 물론 사고석과 벽돌에는 화장 줄 눈을 박아 접속 부분을 정리하고 그 위로 기와지붕을 이었는데 암·수막새까지를 구비하였다. 국내에서도 일급에 속하는 이런 구조의 담장은 일본이나 중국에선 보편적이 아니다.

　경복궁 자경전 서편 담장의 꽃담 장식은 현존하는 꽃담 중의 백미라고 할 수 있을 정도이다. 조선시대 궁실의 꽃담은 대단한 작품들인데 이 유형은 일본에서도, 중국 궁실 건축에서도 발견되지 않는 특성을 지녔다. 다른 나라에서는 그만큼 보기 어려운 유형에 속한다. 자금성의 청나라시대 꽃담은 유약 입힌 테라코타로 대단히 화려하나 우리 꽃담과는 그 유형을 달리하고 있다.

옆면 위/ 기와로 다양한 무늬를 연출한 임실 사선대의 담장
옆면 아래/ 경복궁 자경전의 꽃담

골목 안의 대문들

정월 보름날이면 집집의 대문에 그림이 나붙는다. 호랑이를 그리기도 하고 용을 그려 붙이기도 한다. 집주인이 재주가 있어 손수 그리기도 하지만 솜씨 없는 이는 떠돌이 화가에게 쌀 퍼주고 그린 그림을 내다 건다. 그렇게 정초에 거는 그림을 세화歲畵라 부른다.

골목 안 집집의 대문에 그림을 걸었으니 마치 전시장을 방불케 한다. 입장료 없는 화랑의 멋진 민화 전시가 개최된 것이다. 까치호랑이 그림도 있고, 혼자 앉아 사타구니 사이로 솟아오른 꽁지를 흔들며 즐기고 있는 놈도 있으며, 피카소가 그려도 그렇게 추상하기 어려울 그런 호랑이 추상화도 있다. 이편에는 담뱃대를 받쳐든 토끼의 시중을 받으며 담배 피고 앉은 호랑님도 계신다.

용은 구름 속에 몸을 숨기며 여의주 쥘 참으로 용틀임하는 모습을 그리기도 하였다. 발가락이 셋이면 어떻고, 다섯이면 어떻다 하는 판인데 이 용의 발가락은 여섯이나 되는 육손이다. 이렇다 저렇다 하는 썩은 선비들의 입방아가 듣기 싫었던 것이다. 발가락이 다섯인 녀석은 앞발이 겨우 나와 여의주를 쥐고 있는 정도인데 다른 용들은 하늘을 치닫는 활달한 탯거리로 네 발굽을 울리고 있다. 달리는 준총駿驄의 기상이 역력한 모습이다.

위 왼쪽/ 호랑이 그림을 붙여 놓은 대문에 금줄이 쳐져 있다.
위 오른쪽/ 용이나 호랑이 그림 대신 '龍虎'를 글씨로 썼다.
아래/ 문설주에 새겨진 포도무늬

"고구려 고분벽화의 사신도를 보면 청룡과 백호가 다 네 발로 달리는 기상을 떨치고 있다우. 그런 기풍의 청룡이 아직도 맥을 잇고 있어서 저런 용의 모습으로 그려진 것이지."

세화는 입춘날 써 붙이는 입춘방과 달라서 글씨로 쓰지 않고 그림으로 그린다.

"일년 내내 이 대문으로 좋은 일이 드나들고, 부지런한 사람들이 미명에 벌써 대문을 여니 '개문만복래開門萬福來'라. 좋고 좋은 일들 많게 해 주소서."

하는 염원이 담겼다.

또 용과 호랑이에게는 삼재三災를 소멸시킬 수 있는 권능이 있다는 믿음에서 그들의 벽사辟邪 능력에 의탁하여 가내가 무사하길 기원하기도 한다. 문제는 이런 고향의 전시회가 이제는

절간 대문에 그려진 신장상 역시 벽사의 의미를 갖는다.

사라졌고 대문에 걸리던 그림들이 지금은 민화미술관이나 민속박물관 진열장 속에 들어앉았다는 사실이다. 이제는 돌이킬 수 없는 세월이 된 것이다.

그렇기는 하지만 고향을 지키고 관습을 중히 여기는 세력이 아주 사라진 것은 아니어서 지금도 비록 그림은 아니지만 글씨로라도 호랑이 '호虎'자를 대문에 써 붙이거나 아예 문짝에 직접 써서 일년 내내 효능을 발휘하게 하기도 하였다. 고향이 자꾸 그렇게 변하고 있다.

대문에 호랑이 뼈를 걸어 두고 잡귀를 얼씬도 하지 못하게 하기도 하며, 처용의 모습을 그려 붙이기도 한다. 처용의 얼굴이 있으면 얼씬하지 않겠다는 신라시대의 약속이 여태 지켜져 오고 있음을 알려 준다.

대문 위에 호랑이 뼈를 걸어 두고 잡신의 출입을 막았다. 중요민속자료 제8호인 구례 운조루

초복과 벽사

　사람 사는 일에서 일찍 죽는 일을 제일 애통해 한다. 좀더 살다 갈 것이지 왜 나를 두고 먼저 갔느냐고 앙천통곡이다. 잘산다든지, 넉넉히 산다든지, 인간답게 살아야 한다든지의 교훈은 살아 있을 때에 요긴한 것이지 죽고 나면 아무짝에도 쓸데없는 무용지물에 불과하다. 그러니 살아야 한다. 오래 살려면 장수長壽해야 하는데 장수하려면 오복五福을 누려야 한다. 호사다마라고 오복을 누리며 살 만하면 짓궂은 도깨비가 달려들어 훼방을 놓는다. 우선 해코지하려는 짓궂은 도깨비 녀석부터 접근하지 못하도록 막아야 한다. 그래서 도깨비 물리칠 수 있는 효능이 있는 벽사 무늬를 고안하여 내보이며 얼씬도 하지 못하게 한다.

　돌림병이 돈다. 할머니는 얼른 광에 가서 밀가루 치는 체를 꺼내다가 방 문설주에 건다. 여기 망이 있어 막을 작정이니 얼씬도 하지 말라는 경고이다. 짓궂은 도깨비는 그 경고를 다소곳이 받아들여 그 집은 피하고 그런 체가 걸리지 않은 집에 가서 생때같은 아들을 잡아가고 만다. 사악한 요괴도 있다. 그러나 할아버지 옛날 얘기에 등장하는 우리 도깨비들은 나쁜 놈은 혼내주고 착한 일한 사람은 적극적으로 돕는 성정을 지녀서 이웃 나라 도깨비들처럼 그악스럽지 않다. 벽사하여 사마邪魔를 물리치면 복을 마음 놓고 불러들일 수 있다. 그것을 초복招福한다고

옆면 위/ 대문에 걸린 금줄
옆면 아래/ 체나 소쿠리의 망이 잡귀를 들어오지 못하게 막는다고 믿었다.

한다. 다섯 가지의 복을 누리면 장수하는 일은 여반장이라 믿었다.

꽃담의 무늬에 그런 의미의 문장을 만들어 치장한다. 그런 무늬는 인간에게 내보이자는 것이 아니므로 아주 천진무구하게 표현되는 것이 정통이다. 가식假飾되거나 가식加飾되었다면 신과의 대화에 지장이 생기므로 가장 진솔해야 한다는 생각이 기본 개념이다. 그런 무늬는 집 안으로 들어가 밥그릇에도, 밥숟가락에도, 옷이나 베개에 이르기까지 골고루 자리잡는다. 한옥의 고향에는 사상事象만 존재하는 것이 아니라 이렇게 신神과의 대화법에 이르는 방도까지 내포되어 있다. 대문짝에 글씨를 써서 붙이는 일도 그런 신과의 대화였다고 할 수 있다. '영창대길永昌大吉'이라 썼다면 영창하거나 대길하는 데는 주인의 노력이 도저해야 하지만 하늘의 도움이 있어야 완성을 보는 법이란 이치가 그 글에 담겼다. 대문이 초복의 전초기지인 셈이다. '개문開門한즉 만복래萬福來'라는 글귀에서도 대문으로 복이 들어오고 있음을 알 수 있다.

복을 넉넉히 받은 이는 감사할 줄도 안다. 문짝에 '시화연풍時和年豊'하니 '국태민안國泰民安'이어라 하는 덕담을 잊지 않는다. 받은 것에 대한 보답이다. 농사가 경제의 기본이던 시절에 해마다 풍년이 들면 백성들이 편안하게 되고 그러니 나라가 태평하다는 글귀가 전하는 덕담은 읽고 보는 이의 마음을 흐뭇하게 해 주었다. 한글만 쓸 일이지 그깟 한자는 배워서 무엇 하느냐

왼쪽/ 길상무늬가 새겨진 돈암 서원의 꽃담
오른쪽/ 청도 운강 고택 샛담의 꽃무늬에 吉자를 새겨 넣었다.

는 독선으로 해서 동양 문화권에서 밀려나게 된 오늘의 시점에서 보면 이런 글귀를 적어 보여 주는 문짝이 대견스럽고 고맙다.

대문에 금줄 치고 솔가지나 숯, 그리고 고추를 꽂으면 그 집에 경사 있었음을 알리는 것이다. 적어도 한 이레는 부정탄 사람 출입을 삼간다는 신호이기도 하다. 일종의 벽사가 된다. 마을 사람들은 소식 듣고 축복하고 금줄 보고 흐뭇해 한다. 자기 일처럼 즐겁고 좋은 것이다. 그것이 고향 인심이다.

대문에 써 붙인 입춘방

대청에 걸린 메주덩이

천렵한 물고기 망태를 흔들며 골목 안에 들어서니 고소한 냄새가 진동한다. 필시 누이가 매부 해먹인다고 부침개질을 하고 있나 보다. 얼른 대문으로 간다. 갑자기 시장기가 회를 친다.

안마당에 들어서며 안채를 건너다보면 높직한 댓돌 위에 의젓이 앉아 있는 듬실한 모습이 언제나 건강하신 할머님을 뵙는 것 같아 다정하고 안심이 된다. 안방 앞 툇마루 기둥에 시렁을 매고 광주리나 소쿠리에 담은 것들을 올리기도 하고 그 시렁에 새끼로 끈을 해서 굴비 두름을 매달아 두고 한 마리씩 빼다 먹기도 한다. 거기에 매달아 두면 얌심스런 고양이란 놈에게 빼앗길 염려가 없다. 쥐나 고양이에게 도둑맞지 않게 보관하는 일도 하나의 지혜라고 할 수도 있다. 한참 철에는 과메기를 걸어 두고 먹기도 하고 다른 철에는 마른 문어를 매달아 두고 오며가며 잘라 먹기도 한다. 때가 되면 콩으로 메주를 쑨다. 메주를 네모 반듯하게 만들어 새끼줄에 매달아 시렁에 주렁주렁 걸어 두고 말린다. 할머니는 네모진 것이 싫어 늘 둥그스름한 형태로 만드셨다. 당신 심성을 닮은 메주가 탄생하곤 하였다. 그런 메주를 보고 있으면 그야말로 고향의 냄새가 퍼지고 있는 것 같은 분위기에 젖는다.

그런 시렁이 있는 툇마루에서 누이는 부침개질을 하고 있다. 지글지글 기름이 끓는 소리와

옆면 위/ 하회 마을 충효당 안채 대청에 걸린 시렁. 갖가지 먹거리가 담긴 채반과 건어물 두름이 걸려 있다.
옆면 아래/ 볕이 잘 드는 대청에 메주가 주렁주렁 매달려 있다.

함께 구수한 냄새가 코끝에 진동한다. 얼른 달려가 빈대떡 한 장을 두루마리해서 한 주먹에 꼬나 쥐고 어기적거리며 한 입 물고 나니 그제서야 누이가 기겁을 하며 뺏으려 하나 이미 때를 놓쳤다. 누이가 무섭게 흘겨보지만 입가엔 웃음기가 번졌다. 아까의 원두막 나체쇼 이야기를 언뜻 들었는지도 모르지.

안채의 앞 퇴는 아주 요긴한 장소이다. 구태여 대청에까지 가지 않아도 될 만한 일은 툇마루에서 다 해결한다. 점심을 얼른 먹자고 밥상 들고 와서는 툇마루에 걸터앉아 요기를 한다. 방이나 대청에 올라앉을 차비가 아닌 경우엔 마실 온 아낙네가 툇마루에 걸터앉아 잠시 이야기하다가 돌아가기도 한다.

전에 외삼촌이 살아 있을 때는 실없는 소리를 곧잘 하였다.

"글쎄 말씀이야, 옛날에는 가설라무네. 여인들이 속곳이 부실하였다 그 말씀야. 어느 날 종놈이 가만히 보니깐서두루, 툇마루 밑의 장작을 다 꺼내다 때고 얼마 남지 않았더라 그 말씀야. 그래 장작을 패다 마루 밑으로 기어 들어가 차곡차곡 쌓다 보니 마루 틈새로 젊은 마나님 속살이 드러나 보이더라 그거여. 늙은 총각 녀석이 호기심이 발동하여 그리로 손가락을 넣고 조금씩 돌렸지 뭐야.

젊은 마나님은 과수 된 지 몇 해째라 명문의 수절과부 노릇을 단단히 하고 있는 판인디, 이상한 것이 마루 밑에서 나와 간지러운 곳을 긁어 주걸랑. 그래 가만히 있었더니 이번엔 아까보다 굵은 것이 속살로 들어오는데 아, 고만 환장을 할 지경이걸랑. 그래 자기도 모르게 감창을 하는데 시어머니가 보니 며느리가 이상하단 말씀야. 어디 아픈가 싶어 쪼르르 달려가 보니 며느리가 궁둥이를 들썩거리며 눈을 반쯤 감고 신음하고 있더란 말씀이지. 시어머니가 큰일나는가 싶어 얼른 안고 방으로 들어갈 양으로 용을 쓰는데, 며느리가 시어머니를 휙 밀쳐 버렸어. 한참 막바지에 오를 참이었단 말씀이걸랑. 멋모르는 시어머니가 저만큼 나뒹굴어졌다 겨우 일어나 보니 좀 괜찮아졌는지 며느리가 부시시 일어나더라는 거야. 다행스럽다 싶어 얼른 부축해서 안방으로 데려다 뉘었단 말씀이지.

그리곤 나와 툇마루에 앉아 먼산을 보고 있는데 하필 거기가 아까 며느리가 앉았던 자리였어. 총각 녀석이 아직도 분심이 풀리지 않아 탄식하는 판인데 아까와 다른 늙은 것이 또 보이드래. 그래 에라, 싶어 한번 더 용을 쓰니 시어머니가 기겁을 하였지. 역시 과수 된 지 오랜 끝이라 가뭄에 비 오듯 하니 묵은 체가 내리는 듯 기가 막히드래."

얘기가 그쯤에 이르렀을 때 '아이들 데리고 못할 소리 없이 다 한다'고 방망이가 날아오는 통에 외삼촌은 꽁지가 빠지게 줄행랑을 쳤다.

툇마루 아래는 장작도 넣고 닭이 알을 치기도 하고 개의 집이 되기도 하는 다목적 공간으로 활용되었다. 마루 위와 마루 아래가 다 요긴하게 사용되었던 것이다. 마루라면 다 우리처럼 우물마루 만들어 까는 것으로 생각하나 다른 나라에는 우물마루란 구조가 없다. 한옥에서나 볼 수 있는 마루이다.

툇마루 부엌 쪽 벽에는 고미벽장을 만들기도 한다. 대청 위에선 더그매를 만들고 더그매에 이것저것을 넣어 둔다. 고미벽장이나 더그매는 높아서 사다리가 있어야 오르내리기에 편하다. 사다리를 그때그때 들고 다니기도 힘들고 하니 아예 붙박이로 부착시키기도 하는데 짜서 맞춘 사다리는 거창하기

도 하고 번잡스러워서 간결하게 통나무에 발 디딜 부분을 교묘하게 다듬어 만든다. 그런 사다리는 오래된 집에서 볼 수 있는 것이어서 원초의 시대부터 전래되어 온 것이라고 여기고 있다.

위/ 고미벽장에 부착된 사다리는 통나무를 간결하게 다듬어 만든다.
아래/ 보물 제414호인 독락당의 사다리

디딜방아

어머니가 찧는 디딜방아 소리가 멎었다. 이 집의 디딜방아는 외양간 뒤에 헛간처럼 달아 낸 건물에 따로 있다. 그 디딜방앗간 처마 아래로는 매생이(짚을 꼬아 짠 큰 그릇)도, 키도 걸렸고 복조리도 있고 다박솔이나 빗자루도 있으며, 통나무로 파서 만든 절구와 나무공이가 놓였고 여러 종류의 체도 몇 개 나란히 걸렸으며, 멍석과 거적들을 두루마리한 것이 긴 끈에 걸려 매달려 있다.

디딜방아는 가랑이가 두 가닥이다. 두 사람이 밟을 수 있게 되었다. 늘어진 끈을 한 손에 쥐고 올라섰다가 내려딛는 서슬에 공이가 하늘로 치켜올랐다가 내려치면서 낟알의 껍질을 벗겨 주거나 가루로 만든다. 전에 젊어 기운이 있을 때는 토매(벼를 가는 기구. 흙으로 매통 비슷하게 아래위 두 짝으로 만든 것으로 위에 자루가 달려 있다)만으로도 거뜬히 껍질을 벗길 수 있었는데 이제 나이 들고 힘에 부치니 디딜방아가 좀 나은 것 같다.

디딜방앗간이 외양간에 있는 예를 고구려 고분벽화에서도 찾아볼 수 있다. 거기 디딜방아도 지금처럼 생겼다. 그것은 오늘의 살림살이가 고구려의 맥을 이어 오고 있음을 보여 주는 것이라고 할 수 있다.

옆면 위/ 헛간처럼 따로 지어진 디딜방앗간에는 여러 살림살이와 곡식이 보관되어 있다.
옆면 아래/ 발로 밟으면 공중으로 올라갔던 공이가 내려오면서 곡식의 껍질을 벗기거나 빻아 주는 디딜방아

227

옆면 위/ 마을 공터에 놓인 연자방아
옆면 아래/ 마을에서 공동으로 사용하던 연자방아
위/ 물레방아

집에서는 디딜방앗간이 제일 큰 방아지만 마을 공터에는 연자방앗간도 있다. 물레방아도 돈다. 강원도에서는 통방아를 사용하기도 하며, 연자방아를 집 안에 시설하기도 한다.

"방아 방아 내 방아야……."

방아타령도 구성진데 그것도 고장마다 곡과 가사가 제각기 다르다.

어머니도 툇마루에 두레방석 깔더니 맷돌 앉히고 밀을 갈기 시작한다. 녹두지짐을 다 하면 밀전병이라도 하실 의향인가 보다.

강원도의 통방아

"히야! 오늘 잘 얻어먹겠구먼 그랴. 나두 어서 천렵국 끓여야제."

"이 애야, 거기 그렇게 우두커니 서 있지 말고 날래 자행거 타구 가설랑 막걸리 한 말 받아 오너라. 술장군은 헛간에 있다."

"나두 천렵국 끓여야 하거들랑요."

"쌩이 다녀와서 끓이려무나. 그래도 늦지 않을 끼니."

급하게 뛰어 나가다가 아침에 치우지 못한 쥐덫에 걸려 공중제비를 하였다.

"야아, 그 정도 해서 깨지니? 돌대가리가, 한번 더 자빠져라."

누이의 새된 목소리가 뒤통수를 때린다. 하마 다쳤을까 봐 놀래었을 어머니를 위로하는 소리일 거다.

동아줄 매고 바지랑대로 버티고 호박고지 만들어 주렁하게 걸어 둔 것이 벌써 꾸덕하게 마른 것 같다. 바싹 잘 말라야 겨울철 양식이 된다. 전에 이맘때면 육포를 말리기도 하고 민어를 말려 건어물을 만들기도 하였다. 아버지가 광산하다 실패만 하지 않았더라도 할아버님이 남겨주신 농토만으로도 떵떵거리며 잘살 수 있었다는 소리를 어머니에게서 수없이 들었지만 지금의 살림살이에 불만이 없다.

들엔 약초가 자라는 밭이 있고, 밤나무가 무성한 산에는 아직도 무성한 숲이 남아 있으며, 경지 정리한 논에서는 해마다 맛있는 곡식이 무르익고 있다. 마름들이 가져오는 도지세도 그만하면 적지 않고 원행하며 장사하는 매부 벌이도 일년이면 상당한 액수에 이른다.

"이만하면 대장부 살림살이가 남에게 꿀릴 것이 없노매라."

김장 담그던 날

장가들던 해 겨울은 유난히 추웠다. 파아란 하늘 아래 검붉게 매달린 감이 나무 끝에 탐스러울 때부터 이른 추위가 오더니 밭의 배추를 다 얼려 버리고야 말았다. 금년엔 김장거리가 귀할 것이라고 소문난 그런 세월인데도 부지런한 어머님 덕분에 얼지 않은 배추로 김장을 담글 수 있었다.

금년에도 150포기 넘게 담갔다. 입도 새로 늘고 손님도 더 많이 왕래할 것 같다는 예측을 하셨다. 어머님의 수요량 예측은 언제나 정확하셨다. 새색시도 팔 걷고 나서서 고추 빻고 마늘 다지는 일부터 시작하여 양념 버무리고 배추 절이고, 씻고 싸고 독을 가셔 내는 일까지 거침없이 하여 시어머니 눈에 쏙 들었다. 어머님 소원이 일 잘하는 아이를 며느리로 얻는 일이라 하시더니 정말 그렇게 되었다.

땅을 파고 김치 담을 독 여러 개를 묻었다. 뚜껑 덮기 전에 흙이 따라 들어가지 말라고 짚으로 턱받이를 해 주어야 하는데 그것도 정성스레 하였더니 매우 보기가 좋았다.

"쟤가 장가들더니 갑자기 눈썰미가 늘었구나. 다 제 색시가 있어야 어른이 된다더니 정말 그런 것 같구나."

눈 덮인 장독대

어머니의 칭찬을 들었다. 그러니 더신이 날 밖에.

늘 그렇게 하듯이 김장독을 한데에 반을 묻고 반 수는 김치광 안에 묻었다. 설 쇠기 전에 먹을 것과 과세 후에 먹을 것을 나누어 담는 방식에 따른 구분이다.

꽝꽝 어는 날 잘 익은 동치미 한 대접 꺼내다가 뜨끈하게 불땐 방 아랫목에 앉아 매큼하게 비빈 국수 먹으며 어적거리며 무를 씹거나, 쫄깃한 인절미 해서 콩가루에 굴린 뒤에 한 입 덥썩 물고 국물 마시는 맛은 열이 먹다가 아홉이 죽어도 모를 정도나 되겠다.

그해는 눈도 많아서 반들거리도록 닦은 장독대의 장독을 다 눈으로 덮어 버리고 말았다.

"내년에도 풍년이 들려나 보다."

어머님은 방문을 열고 소담하게 쌓인 눈을 보며 내년 농사를 예점하신다. 어머니의 경험이 그렇게 미리 치는 점을 가능케 하나 보다.

사랑방 가득 차게 동네 친구 녀석들이 마실을 왔다. 추렴 내서 먹자는 핑계이긴 해도 결국 참새 몇 마리 잡아 들고 와선 '이것 구워 안주하자' 고 설레발이니 한턱 단단히 빼앗아 먹자는 속셈이다. 일년 내내 농사짓느라 고생들 하였고, 금년같이 큰 풍년인데다 장가까지 들었으니 느긋하게 한턱내어도 그렇게 억울할 까닭도 없겠다. 웬 말들이 많은지 왁자지껄하는 중에 벌써 색시와 누이가 마주 든 상이 들어왔다.

"야아야, 이 김치 느그 색시와 마주앉아 쌈을 싼 것이라믄서."

김치광을 만들고 김장독을 땅에 묻었다.

우선 시비부터 건다. 상 놓고 나가는 색시 뒤통수에 대고 들으란 듯이 떠든다. 새끼 꼬는 재주가 뛰어난 녀석이 입심도 좋다.

종일 종종거리며 시중을 들었는데도 그날 밤 이불 속의 색시는 다른 날처럼 원기가 왕성하였다.

왼쪽/ 광 한쪽에 김장독을 묻기도 한다.
오른쪽/ 안주인의 정갈한 살림 솜씨를 보여 주는 장독대

정랑

이웃 마을에 묘한 친구가 이사를 왔다. 형제인데 혼인해서 아이들이 있다. 형제는 부씨이고 부인은 고씨, 동생 색시는 양씨라고 하였다. 제주도 수산리가 고향이라고 하였다. 제주도로 돈벌이하러 갔던 이웃 마을 사람 주선으로 이사를 왔다고 한다. 밭도 사고 논도 사고 터전을 마련하더니 형제가 바소쿠리를 지고 산이고 들이고 다니면서 돌을 주워다 마당에 수북하게 쌓았다. 저 많은 돌을 다 무엇에다 쓰려나 지켜보고 있는데 그 돌로 담장을 쌓고 문을 만들더니 문에 바지랑대처럼 가늘고 긴 나무를 건너지른다. 그것이 문짝 같은 구실을 한다고 하며 '정랑'이라 부른다 했다.

하나를 건너질렀을 때와, 둘이나 셋을 건너질렀을 때의 의사가 다르다는 것이다. 그 집에 드나드는 사람들은 그 의도를 알아차려야 한다는 주문이다. 신기한 것은 하나밖에 걸지 않았는데도 들에 나갔다 온 황소가 그것을 훌쩍 뛰어넘지 않고 열어 주기까지 기다리고 있다.

집을 두 채 안팎으로 따로 지었다. 동생이 안채를 차지하고 형이 바깥채에서 산다. 마을 관습대로라면 어른이 안에, 동생이 바깥채에 머물 것 같은데 그들은 반대로 하고 있으며, 밥도 제각기 해먹는다. 나누어 먹거나 함께 먹는 일이 거의 없더라고 옆에서 지켜보는 이들이 알려 주

제주도에서는 집 두 채를 안팎으로 따로 짓는다.

었다. 제주도의 관습이 그렇다는 것이다.

건너 마을에는 아주 추운 북방에서 피난 와 사는 상노인 부부가 있다. 그 댁의 냉면은 일품이고 식혜도 맛이 뛰어나서 그 댁에 무슨 잔치가 있는 날이면 빠지지 않고 참석해 그 특색 있는 음식을 맛보려 하는 것이 이젠 하나의 관례가 되다시피 하였다. 그 댁 냉면은 추운 겨울에 먹어야 일품이라고 하였다. 과수원을 크게 하는 집이어서 생활이 유족하기도 하지만 자식이 없어 동네 아이들을 귀여워해서 그 아이들에게 음식 해먹이는 것을 낙으로 여겼다. 아이들이 자라 벌써 어른이 되었는데도 제 집같이 드나드는 사람이 많아 집 안은 늘 분주하고 번다하였다.

안채는 방이 두 줄배기 겹집이다. 여섯 칸의 방이 나란하다. 필요하면 샛장지를 다 연다. 전체가 확 트인 방이 된다. 반상회 정도 여는 일은 여반장이다. 반상회를 하는 날이면 그 집 음식을 맛보는 날이기도 해서 참석하는 사람들이 매우 즐거워하는데 빈손 들고 가는 이는 거의 없고 감자, 옥수수, 알밤에 이르기까지 형편 닿는 대로 쥐고 간다.

그 댁 처마 끝에는 늘 강냉이가 걸려 있던지, 수수가 걸렸던지, 시래기가 걸려 있던지 한다. 그것이 다 음식 장만할 재료들이다. 그 댁 강냉이 가루로 솥뚜껑에 얇게 지져 주는 그 전병 맛은 일품이다.

옆면 위·아래/ 제주도에서는 돌로 쌓은 담장에 긴 나무장대를 걸어 놓은 정랑이 문짝 구실을 한다.

뒷맛

한옥은 다시 태어난다 고향처럼 그렇다

　고향은 보수적이어서 거기에 늘 그렇게 있는 것이지만 시류에 따라 고향도 눈에 뜨이지 않게 변하고 있어서 늙지 않고 싱싱함이 지속된다. 고향은 그래서 우리에게 향수를 불러일으키기도 하지만 진취적인 기상을 불어넣기도 한다. 기가 쇠해진 사람이 고향에서 기를 보충할 수 있는 것은 바로 그런 깊이가 고향에 맴돌고 있기 때문이다. 한옥의 고향도 그와 마찬가지이다. 그 고향에도 인격이 있고 삶이 있으며 향상과 좌절이 있다.

　이웃에서 들어와 머물던 사람이 붙박이로 틀고 앉아 세대를 이어 가기도 하고, 잠시 머물던 서구 문물이 소리 없이 나타나듯 소식 없이 사라지기도 한다. 마을을 뜯어고치자며 기승을 부리던 확성기 소리가 잠잠해지면 마을엔 다시 평온이 깃들고 새로운 삶의 마련이 터를 닦는다. 수천 년 그래 왔듯이 시대에 따라, 시류에 따라 고향의 산천도 옷을 갈아입고 마음을 가다듬는다.

　새로운 시대를 갈망하는 지극한 마음이 고향에 가득 찬다. 역사의 자취를 보면 그 새로운 시대로의 진출로 해서 마을은 새로워지고 신선해졌다. 한옥도 그와 같아서 1세기의 집이 3세기에 달라졌고 6, 7세기가 되면 전에 볼 수 없었던 양상이 고향에 가득 차고 10, 11세기가 되면 다시 한옥의 색깔과 분위기가 달라지면서 13세기 이후의 터전을 마련하였다.

몽골 사람들의 창칼이 말발굽 따라 춤을 추던 시절에 집은 수없이 불에 타 없어졌다. 임진왜란 때도 수많은 집이 사라졌다. 1900년대 초에는 신식 총칼로 무장한 사람들이 와서 고래하던 집을 부수고 개화라는 바람을 부추기며 새로운 집을 지으라 하였다. 1950년대에도 비행기가 뜨고 탱크가 땅을 진동하는 전쟁으로 해서 다시 집은 잿더미가 되었다.

그래도 집은 다시 들어선다. 아무리 지독한 경험을 하였어도 그 예봉이 지나쳐 가면 마을에는 다시 새 집이 들어선다. 19세기까지만 해도 그런 집을 한옥이라고 서슴없이 불렀다. 한국전쟁을 겪고 새마을운동을 하면서 마을은 돌이킬 수 없는 혼란을 겪는다. 한옥이 사라지고 양옥이 들어서면서부터이다. 우리 삶과 정서에 걸맞지 않은 집이 들어오므로 해서 지금까지의 질서가 다 휴지화되었다.

걷잡을 수 없는 방황 속에서 아직 헤어나지 못하고 있다. 이게 오늘의 한옥이고 그 고향의 풍경이다. 그러나 한옥은 다시 태어난다. 늘 그랬던 것처럼 한옥은 되살아나게 마련이다. 고향처럼 그렇다.

찾아보기

ㄱ

각재角材 · 199

간접조명 · 118, 120

감나비 · 56, 57

감나비절 · 57

강봉장綱封藏 · 201

개자리 · 154, 155

거북이 둔테 97

거푸집 · 208, 210

건넌방 · 117

건축자재 · 107

검나비 · 56

겹집 · 117, 239

경복궁 · 131, 151, 213

고래 · 139, 154, 155

고미벽장 225

고샅 · 76, 88, 90, 92, 208

고층 아파트 · 73, 74, 95

곡간穀間 · 192, 194

골목 · 76, 79, 88, 214, 222

곳간 · 159, 187, 192, 194, 195, 197, 198, 199, 200, 201

공루 · 197

공포 · 103

교각 · 24

교량 · 20, 24

교상橋床 · 20, 24

교안橋岸 · 24

교태전 굴뚝 · 151

구도신사久度神社 · 131, 143

구들 · 113, 117, 128, 139, 141, 142, 144, 148, 154

구들장 · 88, 154

국내성 · 12

국동대혈國東大穴 · 35, 36

굴뚝 · 117, 128, 131, 132, 134, 139, 148, 150, 151, 154, 155, 157, 192

굴뚝신사 · 143

굴림백토 · 208, 210

궁실 · 56, 154, 213

궁실 건축 · 152, 213

궁원宮苑 · 152

궁집 · 63

귀틀 · 176, 200, 201

귀틀집 · 198

극락전 · 125

금당 · 125

금줄 · 32, 50, 64, 221

기둥 · 176, 178, 197, 198, 201, 222

기둥머리 · 178

기와 · 148, 194, 200, 208, 210

기와지붕 · 60, 157, 194, 200, 210, 213

기와집 · 63

기와편 · 213

기왓골 · 157

까치구멍집 · 158

꽃담 · 87, 210, 213, 220

ㄴ

나무오리 · 178
나무장승 · 32
나무판자 · 126
남근석 · 42, 46, 48, 50, 52, 53, 55, 150, 151
남선사南禪寺 · 140, 141, 143
내외벽 · 81, 82, 87
너럭바위 · 48
널빤지 · 198
널빤지 돌 · 88
노구메솥 · 143
노둣돌 · 108, 110
농다리 · 24
농수정 · 110
누교樓橋 · 21
누운 돌 · 48
누운 바위 · 48, 52

ㄷ

다락 · 21, 176, 201
다락집 · 131, 199
다락집형 곳간 · 201
다리 · 18, 20, 21, 22, 23, 24, 26, 29
다리발橋脚 · 18, 20, 24
다리밟이 · 26
단창 · 201
단층집 · 155

단칸 · 117, 155, 201
담장 · 87, 88, 192, 208, 210, 213, 236
답교踏橋 · 26
답도踏道 · 116
대문 · 76, 78, 79, 80, 81, 87, 88, 90, 92, 96, 97, 99, 114, 122, 125, 158, 163, 202, 214, 216, 217, 220, 221, 222
대문간채 · 79
대문짝 · 208, 220
대웅전 · 78, 124, 125
대조전 · 131
대청 · 117, 120, 176, 195, 197, 222, 224, 225
대칭 · 114, 116, 117, 141
댓돌 · 108, 124, 125, 132, 155, 157, 222
더그매 · 225
덕수궁 · 131
도리 · 178
도편수 · 102, 122, 125
돈황敦煌 · 59
돌각담 · 57, 210
돌다리 · 24, 26
돌장승 · 32
돌층계 · 116, 124, 126
돌하르방 · 32
동대사東大寺 · 200, 201
동장대 · 108
둔테 · 96, 97
뒤껼 · 11, 168, 182
뒤주 · 168, 194, 195, 197, 198, 199
뒷마당 · 192

뒷문 · 110
디딜방앗간 · 226, 230
디딤돌 · 116
띠살무늬 창살 · 113

문얼굴 · 122
문지방 · 122, 125, 126
문짝 · 96, 97, 198, 217, 220, 236
문패 · 92, 95
물홈 · 198
미닫이 · 81, 104, 107, 137, 198

ㅁ

마구간 · 108, 110, 161
마구리 · 176
마당 · 82, 88, 120, 132, 158, 163, 182, 188, 195, 197, 210, 236
마루 · 11, 79, 82, 117, 128, 176, 188, 198, 201, 224, 225
만년교萬年橋 · 26
만리장성 · 157
맞담 · 210, 213
맥질 · 144, 145, 146, 147
머름대 · 80
멍석 · 163, 168, 188, 191, 226
명기名基 · 53
명당 · 73, 183
모기내 · 21, 22, 23, 24
목재 · 107, 122, 200
무사석 · 213
무쇠화로 · 137
무지개다리 · 26
문 · 11, 76, 81, 88, 96, 97, 114, 131, 139, 194, 195, 201, 236
문빗장 · 78, 96, 97, 99
문설주 · 218

ㅂ

바깥 행랑채 · 114, 132
바깥채 · 236
바위 · 34, 35, 36, 37, 38, 41, 42, 45, 166, 191
바위 얼굴 · 34, 35, 38, 41
바자울 · 70, 73
박석 · 88, 89, 90
반반전半半塼 · 213
반빗간 · 142
배다리 · 29
배산임수背山臨水 · 73, 79
백운교 · 76, 78
백토 · 88, 118, 120, 146
법륭사 · 201, 210
벽 · 82, 107, 139, 141, 157, 201
벽돌 · 151, 157, 213
벽사 · 216, 218, 221
벽선 · 122
보판 · 126
부경 · 195, 198, 199, 200, 201
부넘기 · 154

부뚜막 · 131, 137, 142, 143, 144
부엌 · 117, 137, 158, 159, 168, 225
불국사 · 76, 78, 114, 116, 124, 125
비대칭 · 114, 116
빗장 · 96, 97, 99

ㅅ

사고석 · 213
사당 · 192
사랑방 · 80, 132, 158, 234
사랑채 · 80, 81, 87, 116
사립짝 · 70
사선대四仙臺 · 210
사찰 · 199
산서성山西省 · 141
살곶이다리 · 24
살림살이 · 70, 168, 169, 173, 183, 185, 187, 192, 226, 231
살림집 · 63, 74, 90, 113, 114, 116, 117, 128, 131, 139, 141, 142, 144, 148, 157, 161
샛담 · 87
샛장지 · 239
서까래 · 178, 200, 210
서낭당 · 64, 191
서석지瑞石池 · 202
석교 · 24
석불사 터 · 148, 152
석비레 · 146, 210

선 돌 · 48
선교장 · 204
선암사 승선교 · 26
섶다리 · 18
세간 · 168, 169, 173, 187
소맷돌 · 124, 125
소목장小木匠 · 97
솟을대문 · 92, 114
수다라장修多羅藏 · 122
수원 화성 · 108
수인문 · 114
수표교 · 24
시렁 · 222
신장상 · 32
실상사 · 32
심원정사 · 154
십장생무늬 굴뚝 · 151
쌀뒤주 · 197, 198
쌍영총 · 140
쌍창 · 201
쌍창 부경 · 201

ㅇ

아궁이 · 15, 134, 139, 142, 148, 154, 155, 158
안 행랑채 · 114
안마당 · 82, 110, 118, 168, 182, 183, 185, 188, 191, 222
안방 · 82, 117, 158, 222, 224
안압지 · 131, 205

안채 · 79, 114, 116, 128, 159, 182, 183, 222, 224, 236, 239
앉은뱅이 굴뚝 · 128, 131
알 터 · 34, 41, 191
암 · 수막새 · 213
앞마당 · 163, 192, 202, 205, 208
양동 마을 · 53
양옥 · 74, 90, 107, 120, 121
양택陽宅 · 60
여궁혈 · 48
여근곡 · 42
여근석 · 48
연가煙家 · 154, 155, 157
연경당 · 80, 108, 110, 114, 116, 202, 204
연당蓮塘 · 202, 204, 205, 207
연도 · 154
연못 · 187, 202, 204, 205, 207
연자방앗간 · 230
오두막 · 178
오두막집 · 73
온돌 · 117, 141
온돌방 · 117, 137, 139
옹기 굴뚝 · 150
외나무다리 · 15, 16
외벽 · 210
외양간 · 158, 159, 161, 226
요석궁 · 22, 23
용마루 · 33
용마름 · 148
우물 · 142, 158, 165, 166, 183, 184

우물마루 · 176, 225
울타리 · 70, 163
웅진교 · 18, 20
원두막 · 174, 175, 176, 178, 180, 181, 224
윗목 · 80
유리 · 104, 107
유리창 · 104, 107
유리화로 · 137
유선형법 · 24
유택幽宅 · 59, 60
음석 · 50
이엉 · 10, 151, 178, 195, 208, 210
이화원 · 131
일각문 · 122
임해전 · 205
입석 · 46, 48, 50, 66
입석 마을 · 46, 66
입향시조 · 76, 79

ㅈ

자경전 · 151, 213
자금성 · 131, 213
좌청룡 우백호 · 202
자하문 · 78
잠금장치 · 97
장귀틀 · 18
장대 · 204
장대석 · 213

장독 · 183, 234
장독대 · 182. 183, 192, 234
장락문 · 114
장승 · 29, 30, 32
장양문 · 114
재목 · 176
절 · 78, 141, 197
정랑 · 236
정려문 · 92
정자나무 · 64, 68, 69, 120
정지간 · 128
정창원正倉院 · 200, 201
조명 · 118, 120, 137
조영造營 · 63
조형법 · 213
조형사상 · 114
조형성 · 38, 114
조형의식 · 63, 87, 124
졸정원拙政園 · 208
좌우 대칭 · 114, 116, 117
좌탑 · 140
주교舟橋 · 29
죽담 · 132
중대문 · 114
중문 · 80, 81, 87, 110, 114, 116
중행랑채 · 114
지붕 · 100, 102, 114, 122, 155, 178, 194, 195, 197, 200, 210
지유指諭 · 125
지하여장군 · 32

질화로 · 137
쪽구들 · 139, 140, 141

ㅊ

차경借景 · 208
차양 · 118
창 · 97, 107, 113, 137, 194
창덕궁 · 80, 108, 131, 202
창문 · 104
창호지 · 104, 107
처마 · 118, 120, 121, 198, 239
처용 · 38, 217
처용바위 · 38
천신 · 36
천장 · 120, 173
천하대장군 · 32
청동화로 · 137
청암정淸巖亭 · 18
청운교 · 76, 78
초가 · 10, 194, 200
초가지붕 · 60, 148, 195, 208
초가집 · 10, 63, 70, 90, 131, 145, 187
추녀 · 178
층계 · 116
치미 · 33
칠불사 · 66

247

ㅋ

칸마루 · 201

ㅌ

타작마당 · 192
토간土間 · 198
토고土庫 · 194
토담 · 87, 208, 210
토담집 · 120, 147
토병 · 208
토분土墳 · 59
통나무 · 148, 173, 178, 199, 200, 225, 226
툇마루 · 222, 224, 225, 230
투창透窓 · 157

ㅍ

판석 · 24, 124
판자 · 148, 198, 208, 210
평대문 · 114
평석교 · 24
평양교 · 20
평양성 · 126

ㅎ

하회 마을 · 53, 55, 102, 134, 154, 208
한옥 · 63, 73, 74, 75, 76, 90, 95, 104, 107, 113, 118, 121, 128, 137, 145, 147, 220, 225
한족漢族 · 117, 134, 152, 153
한족韓族 · 117
한지 · 104
함석 · 200
해인사장경판고海印寺藏經板庫 · 122
행랑 · 114
헛간 · 226, 231
홍교 · 29
홍예교 · 26
홑집 · 117
화강석 · 24
화덕 · 128, 131, 144
화로 · 137, 138
화문장華文墻 · 210
환도산성 · 12
활래정 · 204
황룡사 터 · 33
흘승골성紇升骨城 · 56, 57
흙담 · 208